美味的科學

為什麼咖啡和鮭魚是絕配？
探究隱藏在食材、烹調背後的美味原理！

佐滕 成美 著　　意淩 譯

晨星出版

前言

「美味」，是一種不可思議的感受。雖然大家在用餐時都能感受到美味，但是卻不太熟悉關於美味的眞實面貌。也或許感受美味的方式因人而異，因各種時機、情況的不同而有所差異，所以構成美味的要素才會如此複雜吧！

不過，研究人員爲了想要解析出「美味的程度」，食品業者或廚師也致力於追求製作出更美好的滋味，所以都在各自領域中持續地探索著。筆者自身則是在大學期間學習有關於食材中各種複雜的成分，以及這些成分經由變化後所產生的各種滋味或香氣等等，從中感受其樂趣與魅力，更深入地進行研究。

促使筆者撰寫本書的動機是在２０１５年10月由日本化學協會所舉辦的化學博覽會上，筆者擔任了「化學與飲食」公開座談會的主辦者。在這場座談會上，筆者與來自大學的研究學者以及企業的研發負責人等八位專家，就他們各自的專業領域討論了許多關於「美味」的話題。無論是討論魚或肉的滋味，或者是衡量美味的程度等等，每一場講座都讓筆者感到興味濃厚、津津有味。爲了想與大家分享這些前所未聞、各式各樣關於「美味」的組織架構，以及推廣這些最尖端的研究與科技讓更多人知道，並且體會其中的樂趣，因而動筆寫了這本書。

除了演講的主題，出版社的編輯部也建議筆者可以進一步探討關於美味的科學，並且對食品企業及研究學者們進行採訪，以增添本書的豐富度。

本書共分爲三大觀點：食物是如何產生美味？哪些技術是爲了產生美味而被研發出來？如何以科學角度來說明美味的感覺。在第一章節裡，會先以五感作爲美味的關聯性，來論述爲什麼人們會產生「好吃」的感受。

第二～四章則是探討食品的成分及構造與美味之間的關聯性。湯頭或魚、肉、調味料等，最接近美味程度的神祕「棕褐色」及「濃郁感」是經過什麼樣的化學變化所產生的，以及討論水分與味道之間等等的關係。

第五～六章則是說明如何透過烹調與加工產生出美好的滋味。隨著時代的進步開發了許多新產品，與食品相關的技術也跟著蓬勃發展。而這些技術也令人大開眼界。另外，也會討論關於大家平時所進行的烹飪作業與美味之間存在著什麼樣的關聯性。

第七章是解說在享用美食的當下，人們是如何感受到食物的美味。這項機制的解析相當困難，雖說美味是大家熟悉的感覺，但卻又有許多讓人不明白的地方。此外，我們也會談到近年來因爲分子生物學的進步，關於解析味覺與嗜好的分子架構急速進步的最尖端話題。

雖然本書是在討論每天在吃的食物，但也包含了各種深奧的科學與技術。若是能透過這本書作爲媒介傳遞知識，並且成爲大家在與家人朋友餐敘時的話題之一，將會讓筆者感到無比的歡欣與榮幸。

以下是引發筆者撰寫本書動機的演講主題及對諸位演講者的感謝及簡介。（尊稱簡略，職屬依當時情況記載）

- 美味湯頭的科學　伏木亨（龍谷大學農學系 教授）
- 對柴魚高湯美味有所貢獻的香氣成分之研究　網塚貴彥（長谷川香料株式會社 綜合研究所 主任研究員）
- 肉食的美味——口味、香味與口感的仙境　松石昌典（日本獸醫生命科學大學應用生命科學系 教授）
- 味覺與流變學 小川廣男（東京海洋大學 特任教授、名譽教授）
- 製作出令人感到美味的香氣　中原一晃（高田香料株式會社 技術開發部．次長）
- 世界首創利用抗凍蛋白、多醣使冷凍食品更加鮮美之研發　荒井直樹、寶川厚司（KANEKA株式會社 食品事業部）
- 使用味覺感應器將味道科學化，串連起地方與首都圈、日本與世界　池崎秀和（ITI-Intelligent Technology Inc.株式會社 代表取締役社長）

目次　美味的科學

OISII

第2章 產生美味的化學變化

OISII

第3章 找出美味的因子

第5章 掌握烹調的美味 133

第6章 創造美味的技術 167

第1章

美味是什麼？

感受對象	五感
味（甜味、鹹味、酸味、苦味、鮮味）	味覺
香氣	嗅覺
質地 溫度	觸覺
外觀（色澤、形狀、光澤度、大小）	視覺
聲音	聽覺

圖 1-1　由五感來感受味道

「好吃」即「美味」

我們與親友一起用餐時，總是會邊吃邊說「眞好吃呢！」電視也不斷地播放著美食情報員在熱門餐廳用餐時邊讚嘆著「好好吃哦！」的節目。但是這種「好吃」的感覺，對生物們來說，究竟具有什麼意義呢？

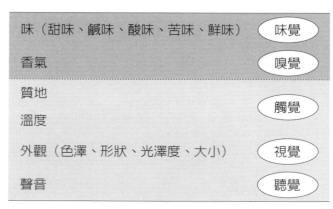

感受到美味時，總是會令人想要繼續品嚐。例如明明正在節食，卻因爲吃到一口好吃的食物後停不下來，而懊惱不已的人。

事實上感受到美味的並不是舌頭或口腔，而是腦部。人們在進食時，首先會感受到食物的氣味，接著看到食物的顏色及外觀，最後才會送入口中。口腔能感覺到味道是理所當然的反應，而且還會感

食品的因素

味道（甜味、鹹味、酸味、苦味、鮮味）
香氣
質地、溫度
外觀（顏色、形狀、光澤、大小）、聲音

人的因素

生理因素（健康狀況、空腹感）
心理因素（喜怒哀樂、緊張、不安）
背景因素（飲食經驗、飲食習慣）

環境因素

自然環境（天候、溫度、溼度）
社會環境（文化、宗教、情報）
人造環境（餐桌、餐具、房間）

圖 1-2　構成美味的要素

受到食物的軟硬度。耳朵則是會聽到咀嚼食物時所發出的聲音。

像這樣，生物會透過嗅覺、視覺、味覺、觸覺、聽覺，這五感來接受所有來自食物的資訊（圖1—1）。而腦部在經由五感接收到食物的情報後，會立即判讀這個味道是好吃或是不好吃。若判斷爲好吃的話，就會開始運作感受到美味的動作，並且攝取必須的營養成分。

要產生能讓人們覺得美味的要素，並非只有口味與香氣，還包含了食物的顏色、形狀、口感與聲音等各種因素。而且，不僅是食物所帶來的直接因素，連進食者的身體狀況、用餐的環境、飲食文化等間接因素，都會左右感知美味的程度。「美味」是人們經常使用的詞彙，但事實上它是個十分複雜的感受（圖1—2）。

「美味度」大致上可分爲本能感受和經驗感受。疲勞的時候特別能感受到甜食的美味，流汗的時候則會覺得含鹽分的食物特別好吃。這是出自於本能感受的味覺。另一方面，小時候不喜歡的食物會在長大成人後覺得好吃了，還有自己喜歡的食物無論在何時何地都會覺得美味。經由不斷地累積飲食經驗後，所帶來的就是經驗感受的美味度。經驗感受的美味度，會因爲每個人的標準不同，而有所差異。但本能感受到的美味度，則是與生俱來的共通感受。

味道就是訊號

一般而言，人們對於甜的食物會感受到美味，但不會對苦的食物產生美味的感受。甜味、苦味的味覺是由大腦在接收到食物中含有的化學物質的刺激後，進而辨識出來的感受。

味覺是由「甜味」「鹹味」「鮮味」「酸味」「苦味」所構成（圖1—3）。在這當中甜味、鹹味、鮮味是連毫無飲食經驗的嬰兒都能感受到的味道。它們各有各的來由，形成甜味的糖是能量的起源，鹹味是調節生理機能必須要的礦物質。而鮮味則是由一種構成

圖 1-3　**基本的味道**

蛋白質的胺基酸或核酸所組成。甜味、鹹味、鮮味擔任了通知人體必需營養素存在的訊號。

另一方面，沒有人只喜歡苦味及酸味，連小嬰兒也討厭苦味及酸味。由於腐壞的食物變得酸澀，而有毒物質多數也帶有苦味，故酸味多是告知食物腐敗，而苦味大多是提醒有毒物質存在的味覺。

酸味和苦味是警告危險的訊號，所以無法讓人對它們產生美味感受。但是隨著飲食經驗的累積，對安全的食物有一定的認識之後。就可以品嘗出咖啡、啤酒或梅干等這些帶苦味或酸味食物的美味了。這也是先前我所提到的來自經驗感受的美味。味道是爲了判斷覺得好吃與否的訊號，而舌頭則是擔任吃出味道，接收訊號的感應器。

味道	味覺物質	臨界值（%）
甜味	蔗糖	0.086
鹹味	食鹽	0.0037
鮮味	麩胺酸或肌苷酸	0.012
酸味	酒石酸	0.00094
苦味	醋酸	0.000049

圖 1-4　味覺臨界值的範例

即使濃度很稀薄也能感知到酸味或苦味，是十分敏感的味覺。

讓我們來更進一步探究感受味道的結構吧！讓人感受到味道的代表性味覺物質，以甜味來說，就是砂糖或葡萄糖了。構成鹹味的是氯化鈉、構成酸味的是檸檬酸或維生素C，苦味則是咖啡因，而構成鮮味的是麩胺酸或肌苷酸等。舌頭的表面分布了收集味覺細胞的味蕾。味覺物質吸附了味覺細胞的細胞膜，使得味覺細胞的電位產生變化，這項刺激成爲一個訊號傳遞到大腦。能夠刺激味覺細胞的有甜味、鹹味、鮮味、酸味、苦味，而這些味道被稱爲「五味」或者是「基本味」。而辣味或澀味的味覺則是刺激與舌頭上的味蕾的末稍神經，故沒有被列入基本味覺當中。

臨界值是經常被使用在表現味道的強度。它是指在面對部分物質時，感受到味覺刺激的最小濃度。將溶解味覺物質的溶液慢慢地稀釋，直到被判定爲無法感知的濃度時，就會被稱爲臨界值（圖1—4）。從圖表中可以得知相較於甜味或鮮味、鹹味，酸味或苦味的味覺物質的臨界值比較低。尤其是苦味物質的臨界值非常低，讓人們可以敏感地警覺到危險的有毒物質的存在。

同樣地，氣味或顏色等等也是爲了判斷食物的重要資訊。人類具有對人體所需的物質產生美味的感受，而對有害物質則不會有感受到美味的本能。因此，如同前面所論述的，當感受到美味的信號時，就會想要多吃一點。若非如此，則會產生停止進食的訊號。

翻開人類的歷史，飲食是一項攸關性命的行爲。即使是好不容易捕獲的獵物，若是不小心吃進去的是含有毒素的食物（獵物），就有可能喪失性命。也許爲了能區分食物，人類與生俱來就擁有這個本能。

美味是為了維持生命必備的快感

人們究竟是如何感受到美味，增加食慾的呢？五感所接收到的味道及香氣、顏色、形狀等外觀，溫度、口感等食物情報，是來自於大腦皮質層的各感覺區所傳遞來的訊息。大腦皮質層是分布在大腦表面的一層薄薄的神經細胞，形成知覺或思考等的中樞神經系統。感覺區則是大腦皮質層中與感知相關的一部分資訊被感覺區傳遞之後，再由稱爲大腦皮質層聯合區的部分收集資訊，進而判斷吃進來的食物是否安全？是否含有身體需要的營養素等等。

由味覺等五感獲得的食物資訊和血糖等生理狀態的資訊再進一步傳遞到杏仁核。杏仁核是大腦內側當中邊緣系統的一部分，是感知舒適或不愉快等「愉悅、不快」的生物本能情緒的區域（請參閱第２０９頁）。

先把現在與過去的資訊做比對，再根據記憶及經驗判讀習慣和安心食用的資料後，進一步判斷喜歡與否。接著，杏仁核的資訊會傳導至下視丘。而下視丘則是在杏仁核附近掌管食慾控制的部分。它分成會引起飢餓感並勸誘繼續進食的攝食中樞與會抑制食慾並告知停止進食的滿腹中樞。喜歡的食物會刺激攝食中樞，增加食慾並且享受食物的美好滋味。另一方面來說，對於自己不喜歡的食物便會抑制想吃的慾望。

透過這些由大腦收集資訊再一一傳遞訊息的過程，我們可以感受到美味，決定進行飲食動作。雖然大部分的人都明白下視丘掌控了生物爲了維持生命進行本能性的飲食活動，但卻不明白「甜食是放在另一個胃」或「好吃的東西總是吃太多」等這些飲食動作的架構。

不過，透過近年的各項研究，這些疑問漸漸地明朗起來。大腦能感受到甜味或美味，是由腦部本身或產生飢餓感所造成，與腸胃的蠕動是無關的。比如說，當你感受到甜味或光是想像食物的美味時，大腦會分泌出一種稱為β腦內啡或多巴胺的腦內物質。β腦內啡是一種類似嗎啡，會帶來幸福感的物質，而大家所知道的多巴胺則是一種提高慾望的物質。當腦內分泌這些物質後，就會刺激並且分泌出一種被稱為泌素（食慾素）的攝食荷爾蒙，讓人產生食慾。這就是形成「甜食是放在另一個胃」的機制。另外，在老鼠的腦部實驗中，給予老鼠一種可以控制腦部味覺或內臟機能的區塊並增加食慾的腦內物質（阿南酰胺）後，辨識味覺區域的興奮感會傳遞到腸胃接收感覺的區塊，從而觀察到食慾增加時神經活動的情況。

目前為止所敘述的美味感知，都是指在進食的時候所產生的「愉悅感」。而快感並非是大腦皮質層做出的理性判斷，而是由杏仁核本能所感知。杏仁核所感知的「愉悅、不快」的情感（稱為情動）是為了理解動物的行為時使用。動物會接近帶來「愉悅」的刺激而避開帶來「不快」的刺激。那麼，經由進食帶來的「愉悅感」就會產生被稱為食慾這項維持生命不可或缺的慾望。無論何種動物，有「想要吃」的念頭都是相同的。人類之外的動物應該也擁有感知美味的感受吧！

我們必須持續進食，才能生存下去。若吃這件事令人感到痛苦的話，人類將會在瞬間滅絕。於是，生物會在進食的時候感受到舒服與愉悅。而被稱之爲美味的快感也會產生令人「想吃更多」的感受，讓人們得以維持生命。

然而形成美味的架構十分複雜且有許多不明之處，因此現況尚無法客觀地評論美味度。由於現代大衆的飲食生活豐富多元，人們所追求的美味也更加多樣化，美味度的研討就變得更加重要了。在下一個章節裡，在探討這些研究的同時，也將一併探索食物美味的祕密。

第 2 章

產生美味的化學變化

朝向美味的變化

現今人們食用著大量的食品。隨著科學技術的進步研發出很多加工食品，也因爲運輸物流的發達能從海外進口各式各樣食材，所以在日本能夠買到的食材種類也年年持續增加中。從食品成分表（正式名稱爲日本食品標準成分表）上可以得知食品有多麼的多元化。食品成分表的目的是爲了能夠將日常生活中所攝取到的食品成分，以及相關的基本資訊能更廣泛地提供給大眾使用。由文部科學省所公布的資料中得知，１９５０年（昭和25年）初版時所登錄的食品數量爲５３８項，但伴隨著分析技術的進步及飲食生活的變化，食品的種類不斷地增加，到了２０１５年最新版本己增加爲２１９１個品項。此外，在氣候或地形多元的日本，構成飲食生活的食品號稱高達１萬２０００種。想想，人們如何能吃進這麼多種食品。

食品的種類繁多，大多數是動物或植物的生物體。即使只有微量，但其構成成分卻是多到不計其數。主要成分大致分類爲水、蛋白質、碳水化合物、脂肪、維生素、礦物質。這當中蛋白質、碳水化合物、脂肪爲三大營養元素，加上維生素、礦物質後則被稱為五大營養元素。所謂營養元素是指供給能量或為了維持生命不可或缺的物質。

這些成分經由加工或調理後，會造成發生化學變化或產生新的成分等複雜的變化。若是產生讓人喜愛的變化，就會讓食用的人感覺到可口。

人們吃到覺得好吃的食物，都是因為這些變化巧妙運作的關係。這裡將介紹與美味度相關的四項代表性變化：分解、蛋白質的變性、梅納德反應（Maillard reaction）、乳化。

在這之前，先說明一下食品的成分。

魚、肉、蛋、奶等動物性食品當中含量最多的成分就是「蛋白質」。蛋白指的就是蛋的蛋白液的部分。蛋白質是由20多種的胺基酸（amino acid）連結而成。它作為身體的構成要素，並且是各種生命活動的必須成分。

碳水化合物是指米飯或麵包當中所含的澱粉或砂糖、水果、蜂蜜所含的果糖等「醣質」，以及蔬菜或海藻當中的「膳食纖維」，在營養學上被歸類在碳水化合物中。近年來，經常可以從各媒體報導與瘦身相關的新聞記事當中，聽到醣質這個名詞。醣質是指可以被消化並成為熱量來源的碳水化合物。此外，由於人體沒有消化酶，無法被分解的碳水化合物就被稱爲膳食纖維。因爲膳食纖維無法被分解，且難以吸收，無法成爲熱量來源，所以未列入營養元素之中。但是它具有能幫助排出腸內有害物質的效果以及整腸的作用，故也被視爲重要成分而受到矚目。因此有把膳食纖維列入，並稱爲六大營養元素的說法。像寒天、蒟蒻之所以會成爲減重食品而大受歡迎，也是因爲它們含有豐富的膳食纖維。

脂肪是指大豆油或沙拉油、奶油或豬油、肉的肥肉當中所含的成分。脂肪是一種無法溶於水中，但能充分溶於有機溶媒的成分的通稱。有各式各樣的種類，而我們食用的大多是三酸甘油脂（Triacylglycerol）。除了成爲驅動身體的熱量來源之外，也是形成荷爾蒙或細胞膜不可或缺的成分。倘若食物中含有脂肪的話，也會使口感變得更佳，容易入口。

分解後變得更加美味

衆所皆知，雖然食物的成分會在體內經由消化被分解成小分子，但在料理、加工或保存過程中，食物的成分也會被分解。主要的原因在於加熱、食物本身帶有的酵素或微生物所產生的發酵作用等所引起。因分解所產生的成分會使香氣或口味有所變化。

發酵食品就是屬於被微生物作用分解後，使得口味更加提升的產物。另一方面，分解也可能會引發腐敗或劣化等令人不愉快的變化。

蛋白質是由許多胺基酸連結而成的物質，而構成蛋白質的胺基酸有20種。此外，由少數胺基酸所連結而成的物質稱爲胜肽（peptide）。我們幾乎感覺不到蛋白質的味道，但是若被胺基酸或胜肽分解後就會感覺到鮮味。經過燉煮後的肉類會增加鮮度，正是因爲在燉煮的過程中，蛋白質被分解並釋放出鮮味成分的關係。

蛋白質的變性與凝固

蛋經過烹煮後會固化，是由於蛋當中的蛋白質產生了「變性」的緣故。變性與蛋白質的結構有關。先前提到蛋白質是由胺基酸連結而成的物質，但實際上蛋質的構造相當複雜。胺基酸所連結而成的蛋白質呈帶狀且被折疊成特定的形狀，再交互扭轉連結形成立體的結構。接著再藉由這個特有的結構來發揮蛋白質的生物機能。這個立體結構，會因爲熱或酸、鹼性或物理性的刺激等等重要因素而遭受到破壞。當被折疊的帶狀物質被解散時，立體結構就會跟著改變的結果稱之爲變性。發生變性後，蛋白質的

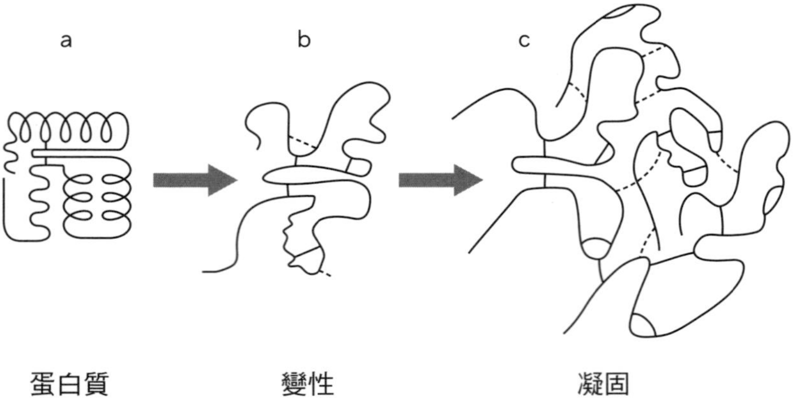

圖 2-1　蛋白質的熱變性

按照規則正確折疊構造的蛋白質（a），轉變成鬆散不溶於水的狀態（b），再更進一步黏著凝固（c）。

機能就不再具有效用，並且也會產生物理性的變化。多數的情況下，生物的體內無法使用變性的蛋白質，但透過食物的蛋白質變性能使得食物更容易入口也更好消化。此外，因爲可以提升風味的關係，幾乎所有的烹調方式都會讓蛋白質發生變性作用（圖2—1）。

經由烹調產生變性的代表物，就是會因爲煮或烤這些加熱調理方式所產生的「熱變性」。而水煮蛋或烤肉時產生的白色凝固現象則被稱爲「熱凝固」。加熱後，折疊起來的蛋白質帶狀組織會解散，構造也會變得鬆弛。蛋白質屬於大分子物質，其中包含了親水與不親水兩部分。一般來說，較具親水性的部分會在外側，而內側部分則不具親水性，可以溶解於水中。只不過蛋白質的構造一旦鬆弛之後，分子內部較不親水的部分就會露出表面，將無法溶解於水。另外，分子會經由這個過程，黏在一起，並且產生新的結合，然後形成蛋白質凝固的現象。

蛋白質除了熱以外的原因，也會產生凝固現象。就如同醋醃青花魚般使用醋浸泡著魚，魚肉就會變白凝固，以及牛乳的鹼性蛋白質凝固後形成優格，這樣的現象稱爲「酸變性」。中華料理所使用的皮蛋是將鴨蛋醃漬於灰或泥巴之中的食品，蛋白形成褐色凍狀，而蛋黃則凝結爲青綠色。這樣的現象則稱爲「鹼性變性」。

此外，在調理過程中會因各種原因，發生不同於凝固現象的蛋白質變性。例如麵粉經過攪拌揉捏後會產生黏性、蛋白經過攪拌後會變成白色泡狀的現象，稱之爲「受物理刺激之變性」。

棕褐色的梅納德反應

提到「狐狸色」第一個聯想到的會是什麼呢？比起動物的狐狸來說，大多數人第一個聯想到的應該會是吐司或是銅鑼燒等燒烤成褐色的食物吧！光想像食物烤成淡褐色

$$R_1-\overset{\overset{H}{|}}{\underset{\underset{OH}{|}}{C}}-\overset{\overset{H}{|}}{C}=O \;+\; R_2-NH_2 \;\underset{+H_2O}{\overset{-H_2O}{\rightleftharpoons}}\; R_1-\overset{\overset{H}{|}}{\underset{\underset{OH}{|}}{C}}-\overset{\overset{H}{|}}{C}=N-R_2 \dashrightarrow 黑色素$$

羰基化合物　　　胺基酸化合物　　　　　希夫鹼　　　由希夫鹼所產生的各種物質

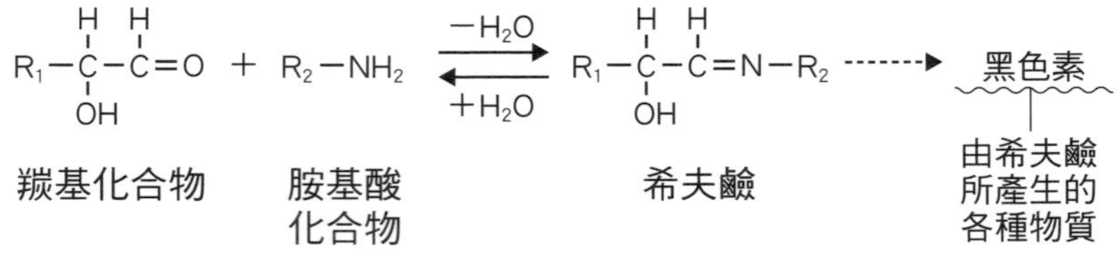

圖 2-2　胺基羰基反應（梅納德反應）
糖中所含的羰基與蛋白質、胺基酸所包含的胺基發生的反應

的香氣和外觀，就覺得美味十足。在食品變化的現象當中，發生褐色反應的現象稱之為「褐變」。味噌或醬油的顏色、麵包或蜂蜜蛋糕的燒烤色、烤成棕褐狐狸色的吐司，還有在燒烤過程中產生的芬芳氣味都是由於梅納德反應（胺基羰基反應）所帶來的結果，與燒焦不同。這是在日常飲食習慣中經常會發生，並且與食物顏色的變化或香氣成分的產生有關。

這個反應會使食品中所包含的蛋白質或胺基酸與糖發生反應，接著產生稱為麥拉寧（melanin）的褐色物質（圖2－2）。梅納德反應是使用發現者的名字來命名。由於這也是由胺基與羰基所產生的反應，故亦稱為胺基羰基反應。以吐司為例，麵包原料中的麵粉含有蛋白質或醣質或是另行添加的砂糖，只要進行烘烤，就能讓吐司產生燒烤色及焦香味，並且在反應的過程中陸續產生各式各樣的物質。若這些生成物與提升食物的風味有關，那麼食物在保存過程中的變色與烤焦，也會與造成成品質低落的現象有關。這個對食品化學或食品產業來

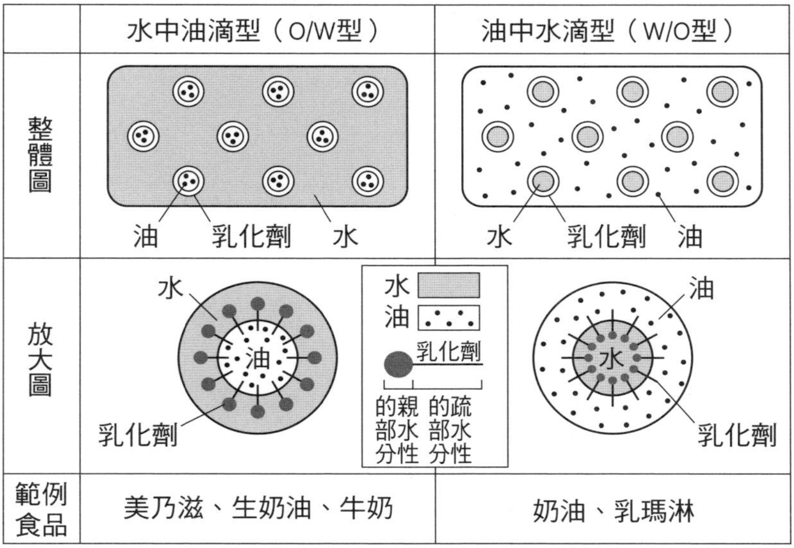

圖 2-3　二種乳化型態的狀態

說，是很重要的一項反應。只是，這項反應十分複雜，還留有許多讓人疑竇的部分。

食品變成茶色的還有「焦糖化反應」，布丁上的褐色焦糖漿就是使用100℃以上的溫度加熱糖類所產生的焦糖化反應來製作而成。但事實上，由於食品的成分複雜，也會同時產生梅納德反應。

因褐變作用使得去皮的蘋果變成褐色之類的情況，則與酵素產生變化有所關聯。這是因爲蔬菜或水果當中所含的酵素與食品中的成分起作用，並產生出染色物質的關係（請參閱第115頁）。

經過乳化後的濃郁口感

雖然油無法溶於水中，但經過劇烈攪拌的油會變成細小的微粒分散在水中。像油與水這樣原本無法混合相容的液體，其中一方變成微粒分子分散於另一方的過程就稱爲「乳化」，而混合後的狀態則稱爲乳化液（Emulsion）。

油與水的乳化分爲將油分散於水的水中油滴型（O／W型）與將水分散在油中的油中水滴型（W／O型）兩種型態（圖2－3）。O／W型的食品有牛奶或美乃滋等等。雖然我們看到的牛奶是白色的液體，但實際上是由酪蛋白等乳清蛋白或脂肪形成球狀並分散於水中。奶油或乳瑪琳則是W／O型乳化液。奶油是由牛奶中的脂肪（乳脂）製作出來，水分分散在油脂當中。

淋在蔬菜沙拉上的醬料，是使用植物油及醋劇烈攪拌混合而成，但經過一段時間後又會分離爲兩層。另一方面，同樣是用植物油與醋乳化而成的美乃滋，即使放置一段時間後也不會分離。這是因爲除了植物油與醋之外，還添加了蛋黃的關係。蛋黃在這裡扮演的角色，就是阻止油水分離並維持穩定的濃凋乳化狀態。

像這種讓乳化狀態維持穩定的物品稱爲乳化劑。由於乳化劑具有能親水也能親脂的特性（兩親性），並且在水分層及油脂層的邊界運作，使分子維持小滴分散，因此能保持乳化狀態。美乃滋當中的蛋黃含有稱爲卵磷脂的脂肪成分，故能以天然的乳化劑之姿產生效用。卵磷脂包覆在分散的油滴周圍，防止油滴擴大。此外，奶油或乳瑪琳、冰淇淋等眾多的乳製品中，也使用了類似卵磷脂的成分作爲食品添加物使其有乳化劑的功能，進行乳化作用。

決定食物狀態，水分的角色

水是生命要素中不可或缺的成分。人類一天大約要攝取2公升的水分，但大部分是由食物當中獲得。另外，對食物而言，水分也是食感、味道、保存等重要的成分。食物含有大量的水分，含水量最多的是蔬菜、水果等植物或菌菇類，高達80～90％以上，而魚貝類則是含有約70～80％的水分。由於料理時也使用了大量水分，因此與食物中的成分或物理變化、口味等會有很大的關聯性。

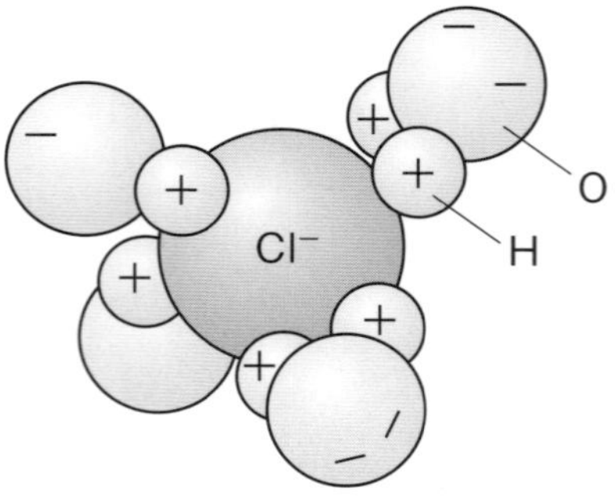

圖 2-4　氯離子的水化作用

含水量與美味度

在討論水分與美味程度間的關係之前，先就水的構造與性質進行基本說明。

水是由一個氧原子及兩個氫原子所組成的單純化合物，但具有高溶點及沸點、比熱性高等各種特質。產生這些特性的主要原因是水分子相互吸引的力量（分子間作用力）十分強大的關係。

另外，水也會受水分子以外的物質吸引，進而包圍它們（圖2—4）。例如在食鹽（氯化鈉）水中會受到鈉離子或氯離子的吸引，包圍在離子的周邊，這個現象稱爲「水化」，許多物質會溶解於水中都是基於這個原理。在食品當中，水分子不僅是鹽，也會受到蔗糖（砂糖的主成分）、蛋白質或胺基酸等各種食品成分吸引。比如清湯當中有經過調味的鹽、蔬菜及肉類所溶出的胺基酸等鮮味成分，這個可以稱之爲水化狀態。我們能品嚐出食物的味道，也是因爲水分的功勞。

另外，水分擔任了溶媒的角色，提供將反應物質均一溶解的場所。食品當中含有許多成分，會透過貯存或加工、烹飪期間發生許多的化學反應。

水分含量對食品的口感有極大的影響。因此可以說含水量豐富的食品口感柔軟，而含水量較少的食品則口感較爲乾硬。也許各位覺得這是件理所當然的事，但是受潮的仙貝口感不再酥脆、乾燥脫水的蔬菜或水果也失去了原有的鮮美度。由此可見，水分對於美味度來說，眞是個重要的元素。無論是酥脆的口感或濃郁的口感，只要缺少了水分都無法達成。而入口潤滑的豆腐或果凍，則是將水分鎖在食品組織結構中製作而成。

水分活性與保存性

對食品而言，水分與保存度之間的關聯性是相當重要的因素。像米或曬乾的香菇這類的乾燥食品就不容易腐壞，具有保存性。而魚或牛乳這類高含水量的食物則會很快

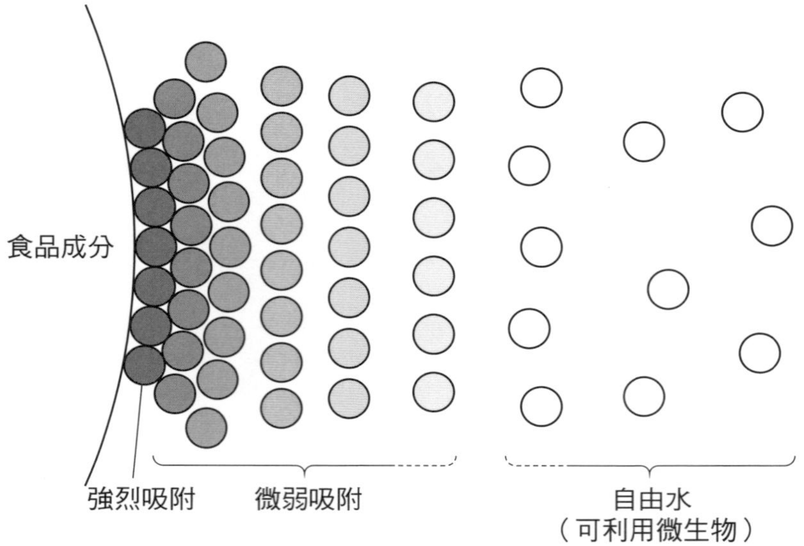

圖 2-5　結合水與自由水

地敗壞。這是由於使食物腐壞的細菌或黴菌都需要水分才能繁殖的關係。不過，果醬或風乾柿子等食品也含有許多水分且十分柔軟，卻能夠長時間保存，這又是什麼原因呢？

其實食品的保存度與含水量無關，水分的狀態才是關鍵的原因。

先前提到的水分子會受到食品成分的吸引。而受到食品成分吸引的水稱爲結合水。另一種不會與食品成分結合，可以自由流動的水則稱爲自由水。食品成分外圍的水分子會受到強烈的吸引。隨著從食品成分的分離開始，吸引力逐漸減弱。我們可以想像在食品成分的周圍包覆了好幾層的水分子，而自由水在它周圍流竄著的狀態（圖2－5）。由於結合水受到吸引而無法動作的關係，因此無法結凍。有時結合水亦被稱爲不凍水。雪酪這類口感沙沙脆脆的食物，就是使用不凍水的原理製作而成。此外，結合水與自由水並沒有明確的劃分界限。

儘管結合水與自由水一樣都是水，但細菌或黴菌卻無法使用結合水。因此只要結合水的含量愈多，細菌或黴菌就無法繁殖。並且也會抑制食品中的酵素作用，使其不容易因酵素產生劣化反應。總而言之，若結合水的比例愈高，食品就愈不容易腐敗，也會增強其保存性。

因此，食品會使用標示水分狀態的「水分活性」作爲保存性的指標。

水分活性低是指食品中結合水的比例高，而自由水的比例較低的意思，也就是說水分活性低的食品具有較佳的保存性。能夠長時間存放的乾燥食品，除了水分含量少之外，水分活性也很低且幾乎都是結合水。雖然不容易腐壞，但是脂肪卻很容易氧化。

爲了延長保存期限經常會添加鹽或砂糖。年終送禮的經典名產——新卷鮭，就是將鮭魚去除內臟後使用鹽醃而成的食品。這是在沒有冰箱的年代，爲了能夠長時間保存大量捕獲的鮭魚所想出來的辦法。能夠長時間保存的原因是由於水分被鹽或砂糖吸收，使食品中體相水（自由水）的比例降低，結合水的比例增加的關係。結合水增加會減少水分活性，使得微生物不易生存繁殖。

果醬或果凍、葡萄乾、柿乾等乾燥水果，風乾臘腸、羊羹等等被稱爲「中間水分食品」。這是依水分活性來分類的，水分活性介於０．６５～０．８５區間，則稱爲含水量10～40％的食品。一般細菌存活於０．９以上，酵母菌則必須生存於０．８８以上的水分活性。儘管中間水分食品的含水量高，但由於水分活性低的關係，會使得微生物不易孳生，故不容易腐壞。

了解水分活性的原理後，各位應該都能明白爲何柔軟的果凍及羊羹能在常溫下販賣的原因了。不過最近愈來愈多的低鹽、低糖食品，保存方式也改變了。例如最近新推出的鹽辛花枝製作方法就有別於傳統，使用了相當少量的鹽分，使微生物容易繁殖。也因如此，無法像之前可放置於常溫下，必須用冷藏方式來保存。只不過，鹽辛花枝的成分可能會引發食物中毒，所以食用時必須非常注意。

爲了保存食品的水分，除了調整食物的溫度，包裝的工夫也能帶來很大的效果。例如爲了抑制蔬菜的蒸散作用，保持其新鮮度，會使用加工保鮮膜包覆並於低溫下保存。另外，爲了防止仙貝等餅乾發生吸溼效應，會使用矽膠等乾燥劑保存並封裝於防水性的包材內。

適當地控制水分，也是提高及保存食物鮮美度重要的一環。

第3章

找出美味的因子

湯頭

鮮味是什麼？

2013年12月「和食」被聯合國教育科學文化組織（UNESCO）登錄爲無形文化遺產，因此作爲和食基底的「湯頭」或「鮮味」備受矚目。湯頭是「高湯底」的簡稱，意指從鰹節或昆布等食材中萃取出鮮甜滋味的湯汁。或許日本人口中的「好吃」，就是「湯頭」吧！但這鮮美的滋味究竟是來自何處呢？

世界上的和食熱潮中，鮮味（Umami）已成爲國際通用的詞彙。所謂鮮味，是指五種基本味覺（甘、鹹、酸、苦、鮮）中的其中一種。1908年東京帝國大學的池田菊苗博士發現，昆布的鮮味成分來自於胺基酸當中的麩胺酸。從鮮味成爲製品調味料以來，這項發現使得日本達到研究關於鮮味的先驅地位。1913年，由鰹節中萃取出的肌苷酸與1957年從香菇中萃取到的鳥苷酸，又成爲新發現的鮮味成分。由

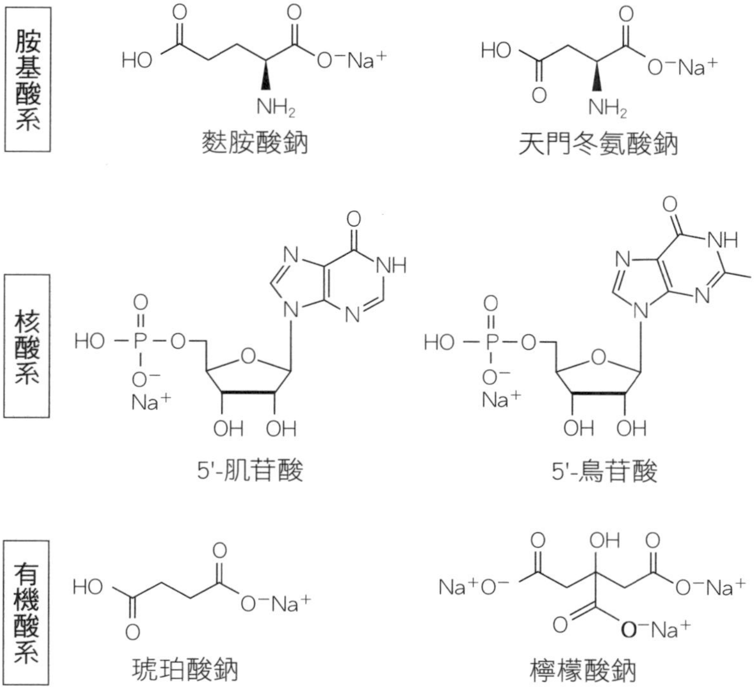

圖 3-1　鮮味物質

此，日本研究人員帶頭證明了鮮味是第五種基本味覺，並且有別於傳統所知的四種基本味覺。在1998年「New York Times」更以大篇幅的報導了「Umami是第五種基本味覺的消息。

最爲人們所熟知的鮮味成分，有左邊所列舉的麩胺酸或鳥苷酸、肌苷酸等，並被分類爲胺基酸系、核酸系、有機酸系。

麩胺酸，是構成蛋白質元素胺基酸的一種，被歸類在胺基酸系，富含於昆布或

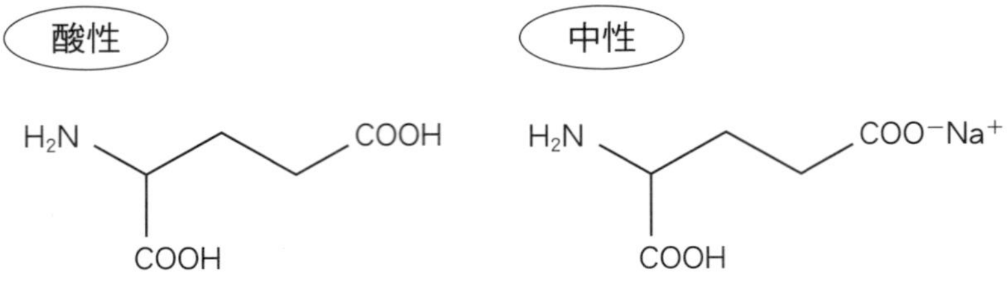

麩胺酸　　麩胺酸鈉

圖 3-2　產生鮮味的鹽

麩胺酸裡有二個羧基（-COOH），若其中一個在食品中被中和的話，就會形成麩胺酸鹽並產生鮮味。

蔬菜中。含有麩胺酸的胜肽物質當中也有不少鮮味成分。魚或肉的蛋白質分解後所產生的胜肽或胺基酸，被認爲與湯或發酵食品中的鮮味成分有所關聯。另外，還有玉露等茶製品當中富含的茶氨酸也帶有鮮味成分，並且是麩胺酸的誘導體。昆布所含的天門冬氨酸也是屬於胺基酸系的鮮味成分。

鰹節等魚類或肉類中大量的肌苷酸或香菇當中的鳥苷酸則被歸類於核酸系。肌苷酸是肌肉中的ATP（三磷酸腺苷adenosine triphosphate）分解所產生。

有機酸系的鮮味有琥珀酸鈉或檸檬酸鈉，較爲人熟知的就是貝類當中的鮮味成分了（圖3—1）。

一百公克的昆布中含有相當三公克以上的麩

胺酸，但是麩胺酸本身的味道混合了酸味及澀味，所以並不可口。食品依其酸鹼值所產生的味道也會有所不同，當酸鹼值被中和成為pH中性時，會產生強烈的鮮味。然而麩胺酸是以麩胺酸鹽這個中性的狀態存在於食品之中（圖3－2），故產生鮮味。

從古早時期就與昆布並列被當作湯頭使用的鰹節的鮮味成分是肌苷酸，而香菇的鮮味成分則是鳥苷酸。如前述，它們是屬於核酸系的化合物質，肌苷酸是動物性食品的鮮味，鳥苷酸則是菇類的鮮味。肌苷酸含有羧基、鳥苷酸，帶有磷酸鹽基。和麩胺酸相同，在中性的條件下被中和會變化為中性的鹽。這個鹽的成分則會呈現出鮮味。

因混合而帶來的美味

製作湯頭時，一般都使用昆布與鰹節混合製作。事實上，單獨使用昆布或鰹節時不會有強烈的鮮味。但將昆布與柴魚乾混合後，則會產生強烈的鮮美味。

研究人員發現，昆布鮮味成分中的麩胺酸鹽與鰹節鮮味成分中的肌苷酸鹽，再加上香菇鮮味成分裡的鳥苷酸鹽，三者合一後會產生相乘作用。假設在麩胺酸鹽溶液中僅加入肌苷酸鹽的話，鮮美程度就會大幅提升。麩胺酸鹽加入鳥苷酸鹽約20～80％時就會呈現出鮮味。然而，若百分之百都是肌苷酸的話，鮮味又會減弱。這時就算再加入鳥苷酸鹽，結果也是一樣。因此即使是鮮味調味料，也都會在麩胺酸鈉中添加肌苷酸鈉、鳥苷酸鈉。

理由是，舌頭表面上有感知味覺的受容體（請參閱第216頁）。對應感知鮮味的受容體有兩種，分別爲麩胺酸鹽結合的部分與肌苷酸鹽或鳥苷酸鹽結合的部分。肌苷酸鹽或鳥苷酸鹽與受容體結合後，與受容體結合的部分構造會產生變化，變得容易與麩胺酸鹽結合，並且很明顯看到這些結合的部分正互相拉近。而這些受容體結合部分的構造變化，引發了相乘作用。

湯頭主要成分的鰹節當中含有鳥苷酸或麩胺酸、組氨酸。而昆布高湯則是含有麩胺酸、脯氨酸、丙氨酸。乾燥香菇當中含有鳥苷酸、麩胺酸、精胺酸等。湯頭當中添加了麩胺酸等鮮味成分，以及各種胺基酸或胜肽、有機酸等之後，會產生出細膩的風味。擔任高湯素材的魚種或乾魚片的製造工程、湯頭的萃取方式，會因爲溶出成分的變化，使得口味及香氣、口感上有極大的改變。

成爲和食基底口味的「一番高湯」，能在極短時間內瞬間讓鮮度及香味被引發出來。例如昆布的一番高湯，除了麩胺酸及天門冬氨酸之外，基乎沒有其他的胺基酸成分。因此一番高湯可以說是除了鮮度之外，什麼都沒有的純粹鮮味液體。萃取一番高湯的方式有許多種，爲了不摻雜鮮味成分以外的雜味，需要花一番工夫盡可能的製作出單純的鮮味溶液。適合用於湯汁類或雜煮類的料理。

萃取出一番高湯後的昆布或鰹節仍殘留有大量的鮮味成分，因此還能夠再次萃取高湯，稱之爲「二番高湯」。二番高湯的鮮味變得強烈，並帶有醇厚的滋味。但是因爲鮮味之外的成分也被溶進湯汁裡，雜味也變得比較明顯。因此多用於燉煮或味噌湯這類的料理。

濃縮鮮味

萃取高湯時，使用的是乾燥香菇，並非是新鮮香菇。這是因爲乾燥香菇當中含有大量的鮮味成分鳥苷酸。鳥苷酸是透過酵素分解，釋放出核糖核酸後所形成的物質。由於新鮮的香菇並不會產生酵素分解的作用，所以必須在曬乾後，當細胞遭受到破壞時，才會啓動酵素運作，進而產生出鳥苷酸。

香菇等菌菇類含有大量水分，水分比大約占了百分之九十。當中並含有許多維持甜味的甘露醇、海藻糖等醣類。另外也富含麩胺酸等遊離胺基酸或鳥苷酸等鮮味成分。乾燥香菇的香味及鮮味比新鮮香菇來得強烈的原因在於，新鮮香菇的含水量大幅減少，濃縮了鮮味成分的緣故。在乾燥過程中，會透過酵素作用產生叫做蘑菇香精的香味。另外，如果香菇是利用陽光曝曬的方式進行乾燥的話，它的維生素D_2含量會激增。這是因爲香菇當中含有豐富的麥角固醇，且經過紫外線照射後，會轉化爲維生素D的關係。

乾燥香菇在泡水後會恢復原狀。由於乾燥香菇當中仍殘存著酵素的作用，因此浸泡在水中的香菇，會經由水解，分解出核糖核酸，增加鳥苷酸的含量。只不過浸泡還原需要耗費不少時間，且使用熱水會破壞鳥苷酸。這是因爲香菇當中也含有能分解鳥苷酸的酵素，且這個酵素在45～60℃的溫熱水中才會發生作用的關係。另外，浸泡乾燥香菇所使用的浸泡水中，含有大量釋出的胺基酸等鮮味成分，因此可以再做利用。

世界各地的高湯

高湯是從肉類或蔬菜當中萃取出鮮味成分的湯品。使用富含鮮味高湯的並不是只有日本人。世界各國的料理也會使用高湯，讓人們能夠享受其美好的滋味。現在就讓我們來比較一下，日本與世界各地的高湯。

高湯的英文是「Soup stock」。使用牛或雞、魚肉或骨頭、蔬菜等等所熬煮出來的湯汁，且用來作爲湯底或醬料的材料。在法式料理中，有被用來當作湯底且大量使用的「肉汁清湯」（Bouillon）或經常被當作醬料使用的「法式湯底」（fond）。而在中華料理當中，則有「湯」這道料理。

在短時間內提煉出來的日式高湯，是鮮味胺基酸的快速萃取物，其特徵是質地透明且帶有強烈的鮮味。在熬煮高湯的材料中，具代表性的有昆布或柴魚、乾燥香菇等，另外也經常使用煮干（小魚乾）。煮干（小魚乾）是先把小魚煮熟，再曬乾的食材。大多是指鯷魚或眞鰯。在西日本則將煮干（小魚乾）稱爲「IRIKO」。使用煮干的高湯與鰹節高湯相比起來，酸味較弱，但腥味較重、經常用於味噌湯或燉煮物。在素食料理中，除了昆布與香菇之外，也會利用葫蘆乾或黃豆等乾貨、蔬菜來提煉高湯。

相對於日本料理，法式料理或者是中華料理等所使用的高湯，大多是經過長時間熬製出來，口感濃郁。使用肉類或蔬菜熬煮時，會釋放出內含的成分。蛋白質被分解後，會轉化爲胜肽或胺基酸，更添風味。動物骨頭中所含的膠原蛋白會被分解形成明膠，產生滑潤的口感。從食材中所釋出的油脂或溶解性固體總量，會使得高湯呈現出混濁狀態。

而使用Bouillon製作的肉汁清湯，則是爲了呈現出清透感，加入蛋白。緩緩地將蛋白加入湯汁中一邊加熱，蛋白與混濁的部分會同時凝固並浮出表面。使用棉布將凝結的蛋白取出，湯汁就會呈現清澈透明的狀態。接著，在清湯中加入絞肉丸子，慢慢地燉煮至出現細微的泡沫爲止。肉類的蛋白質在凝固時會吸附混濁物質，使成品清透。當肉丸子釋出鮮味後，其美味度也將會大幅提升。

另一方面，白湯是一種以強火在短時間內熬煮出來，油脂乳化後湯汁呈現米白色濃稠狀態的高湯。在這裡只列舉了一小部分的例子，其實世界各國的料理，隨著目的不同，高湯所使用的食材及製作方法也有所不同，令人深感興趣。

令人上癮的柴魚高湯

柴魚高湯的美味，除了其鮮甜的滋味之外，還散發出一種獨有的香味。而製作柴魚高湯所使用的鰹節，則是一種將鰹魚利用熬煮、煙燻、長霉發酵等獨特工藝所製作而成的食材。有報告指出其香氣成分高達400種以上。研究柴魚高湯鮮美度的龍谷大學農學系教授木亨教授在與長谷川香料總合研究所的共同研究中，從近年柴魚高湯的詳細研究分析結果中發現，與柴魚高湯鮮美度相關的新香氣成分TDD（4Z,7Z）。

伏木教授等人在先前從以老鼠做實驗的結果中，了解到柴魚高湯擁有令人上癮的美味，而且顯示出香氣在鮮美度上扮演了重要的角色。究竟柴魚高湯中的何種成分會使人上癮呢？

實驗人員使用了數種方法從鰹節萃取出香味成分時，發現使用超臨界二氧化碳萃取法所萃取出的香味成分與令人上癮的效果有關。超臨界是流體狀態的一種，並介於氣體和液體間無法區別性質的狀態。使用超臨界二氧化碳萃取法時，可以將不耐熱的成分或容易揮發的成分萃取出來，因此可均勻地萃取出食品當中的香氣成分。

透過超臨界二氧化碳萃取法所萃取出的香氣成分，縮小了搜尋與柴魚高湯香氣有關的重要成分範圍，因而發現到TDD。TDD也是首度被發現到與食品的香氣成分有關，並且得知其帶有微量鰹節所獨有的木材香氣。

另外，根據老師傅等級料理人的官感評價中發現到，含有TDD的鰹節香氣能使柴魚高湯呈現出更加鮮美的風味。這是以官感評論人員依感覺所做出的評鑑。爲了能更加客觀的評鑑，接著以測量人體生理反應的近紅外光腦光譜儀量測系統（ＮＩＲＳ）來做測試。這個方式可以使用近紅外線光來測定唾液腺活動時，所伴隨的血液流量變化。唾液的分泌量代表了食慾的指標，被認爲可以客觀地測量出美味的程度。透過ＮＩＲＳ，可以了解到包含ＴＤＤ的柴魚香氣所誘發的唾液腺活動狀態高於未包含ＴＤＤ的柴魚香氣。而它也因爲與柴魚高湯令人成癮的鮮美滋味有關，備受矚目。

無論是飲料或食品的美味度都離不開香氣，只是香氣的何種成分與美味度有關，卻是個難以闡明的部分。不過，從這項研究中，可以發現到人類的感覺與化學反應是互相連結的。

此外，大家也可以了解到，日本料理中不可或缺的美味高湯，不僅有鮮美味，其獨特的香氣也有著極大的貢獻。而關於高湯的鮮美滋味是否還有尙未解開的要因，學者們將持續更進一步的研究。

調味料

引出美味的食鹽、砂糖、醋

調味料是決定料理美味的要角，並且能延伸出食物的風味。透過添加調味料的這道程序，可以把菜餚或食物調整成鹹、甜等各種滋味與香氣。其目的就是爲了能做出自己喜愛的風味。

若少了調味料，我們每日的餐點將會變得食不知味。因此，調味料可說是日常飲食中不可或缺的一品。

市面上的調味料種類繁多，就讓我們先來看看基本調味料當中的食鹽、砂糖與醋，如何透過烹調運作出美味的過程吧！

食鹽的主要成分爲氯化鈉（Sodium chloride）此外，還含有微量氯化鎂

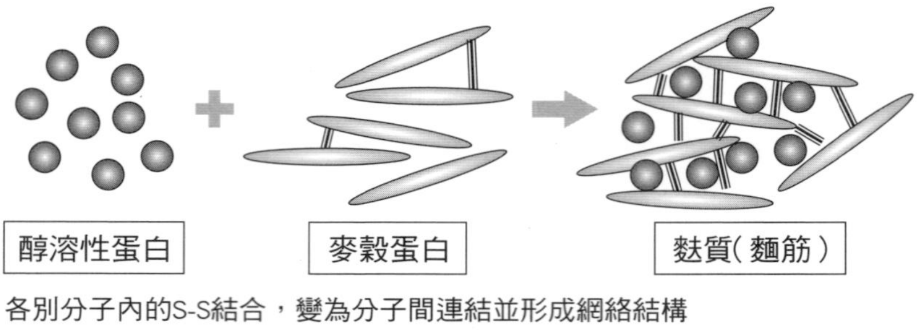

圖 3-3　麩質（麵筋）的網絡構造

（Magnesium chloride）硫酸鎂（Sulfuric acid magnesium）。食鹽不僅把食物調和成鹹味，也經常被使用在其他的烹調製程中。

最爲人熟知的就是把食鹽加入容易腐壞的食物中，可以延長保存期限的這項作法。只要加入約5%的食鹽，就能抑制使食物腐壞的微生物的孳生。而醃漬食品則是利用鹽分的脫水作用，透過滲透壓的原理，釋放出蔬菜等食物的水分。

另外，食鹽能促進麩質（麵筋，gluten）的生成，具有固化食物的作用。例如烏龍麵的彈牙口感或麵包的Q彈嚼勁，都是由麩質（麵筋）當中的蛋白質產生而來。在麵粉中摻入水並揉和時，小麥所含的麥膠蛋白（gliadin）和麥穀蛋白（gluteni）便會釋出麩質（麵筋）（圖3—3）。茶碗蒸因爲添加了食鹽，使得蛋汁得以凝結。火腿或香腸、魚板、漢堡肉也都是因爲添加了食鹽而凝固。另外，食鹽會釋放出鹽溶性蛋白質，且釋放出來的蛋白質會呈現膠狀，故能將肉品凝固。

砂糖是一種能將食物調和成甜味的調味料。主要是由甘蔗或甜菜根（砂糖蘿蔔）所製作而成。據說人類最早期的甜味料是蜂蜜，但砂糖似乎也在紀元前就已經被使用。日本大約在八世紀中葉，奈良時代時由中國傳入。過去砂糖屬於貴重食材，直到進入二十世紀才開始被一般老百姓廣泛使用。

砂糖的主要成分是蔗糖（sucrose），由葡萄糖（glucose）及果糖（fructose）所組成（圖3—4）。單獨只有葡萄糖存在的時候，並沒有明顯的甜味，但與果糖結合後的蔗糖分子則會帶有強烈的甜味。

在果汁成分含量表中經常看到的高果糖玉米糖漿（也常標示爲果糖葡萄糖漿），即是利用這個性質所製成。市售的高甜度清涼飲品或冰涼甜品大都是使用葡萄糖（glucose）及果糖（fructose）分子混合液，充分溶解於水中所製作而成。而這種使用高果糖玉米糖漿來取代砂糖的技術是在1960年代後期由日本所開發。由玉米等澱粉分解成爲葡萄糖後，再更進一步利用酵素把其中一部分轉換製作爲果糖（fructose）。

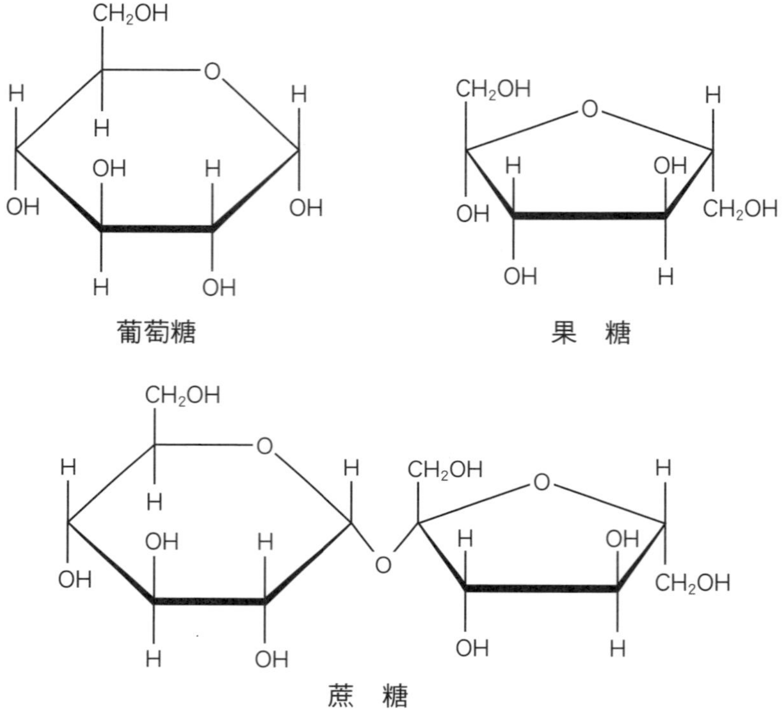

圖 3-4　葡萄糖、果糖、蔗糖的構造

由於砂糖含有大量能吸附水分的羥基分子，故能充分溶於水中。也因爲砂糖的高親水性提高了食品的保水度。蜜豆的溼潤水感和栗子閃閃發光的光澤都是來自於砂糖的高含水量。另外，砂糖的保溼度也使得微生物能使用的水分減少，簡單來說，就是妨礙微生物的活動。

果醬或羊羹、甜點含有許多水分卻能保存的原因也是如此。果醬或橘子醬的濃稠感是來自於果膠。果膠是一種存在於果實細胞壁內的多醣體。果膠在酸性環境下與砂糖同時加熱會膠化呈現凍狀。果醬或橘子醬正是利用此原理製作而成。布丁的褐色焦糖醬及蜂蜜蛋糕美味的烤邊條，也都是來自於砂糖的這個作用。

食用醋是使用醋酸爲主要成分製成的酸味調味料。將澱粉或砂糖利用酒精發酵，接著再使醋酸發酵後製作而成。是一種爲了增添酸味的調味料，壽司或醋漬物、醋味噌等食物都是因爲添加了醋，讓人們享受到清爽的滋味。由於醋是酸性的關係，所以也有能抑制微生物生長及殺菌的作用。因此經常被用來保存泡菜等容易受損的蔬菜。把蓮藕或牛蒡等容易變色的蔬菜浸泡在醋水當中，能活化抑制蔬菜變色的酵素，達到防止變色的效果。用醋來浸漬醋漬青花魚等魚類，能使魚的表皮白化並讓風味更勝一籌，這是因爲醋能夠使蛋白質凝結的關係。

靠微生物運作而生的美味——味噌、醬油的結構

日本人的餐桌上不可或缺的味噌或醬油，是由大豆發酵所製作成的調味料。與食鹽

或砂糖不同，它的美味程度以鮮味爲中心，但又夾雜了其他許多複雜的味道。

味噌是將煮熟的黃豆加上麴或食鹽，使其發酵，進而熟成的調味料。麴是使用蒸熟的米或小麥、黃豆等穀類所培養出的麴菌。麴菌帶有的酵素會將作爲原料的米或小麥所含有的澱粉或黃豆當中的多醣體分解掉。分解過程中所產生的糖類，會成爲微生物的養分來源。除了麴之外，也會產生乳酸菌或酵母菌等。這些微生物會使原料產生各種變化，鮮味或鹹味、甘甜味等不同的味覺成分，並形成類似酒精或酯類的芳香成分。依微生物的不同，在熟成期間所產生的成分也會成爲味噌獨有的色澤、香氣及鮮味。味噌味道的特徵來自於分解時所產生的糖類帶來的甘甜味、胺基酸等特有的鮮味以及食鹽均分後的鹹味。

味噌的種類繁多，但大致上分爲用於味噌湯的「一般味噌」及可直接食用的「生味噌」兩大類。一般味噌依原料或麴菌的製作方式分爲米味噌、麥味噌與豆味噌，再來又分成甜味或辛味、及白味噌或紅味噌等日本各地所生產，形形色色的味噌。另外，還有許多像信洲味噌、仙台味噌等以產地命名的味噌。

京都的白味噌含米量較高，熟成期間只有1～2週，所以顏色淺質地較柔軟。而名古屋的八丁味噌是使用黃豆爲原料，且熟成期間長達兩年，所以顏色深、口味濃郁。

而信洲味噌的熟成期間爲半年左右，色澤介於白味噌及八丁味噌中間。白味噌或紅味噌等各種顏色的味噌及顏色深淺都反映出原料及製法的不同。另外，熟成過程中成分的變化，也會受到氣候及溫溼度等環境因素的影響，產生出各種不同風味的口感。

醬油是與我們最貼近的調味料，只要蘸了醬油什麼都變得美味可口，讓人覺得不可思議。它與味噌一樣都是使用黃豆發酵製作而成，透過各種微生物的活動產生出顏色、味道還有香氣成分。醬油或味噌起源於中國的「醬」。醬是指使用鹽來醃漬魚、肉或蔬菜、穀物並使其發酵的調味品。在日文中讀爲「ＨＩＳＨＩＯ」，各別的名稱爲「魚醬」「肉醬」「草醬」「穀醬」等。而其中穀醬被認爲是後來發展成爲味噌或醬油的醬料。順帶一提，魚醬是秋田的「ＳＹＯＴＳＵＲＵ」或能登半島的「ＩＳＨＩＲＵ」。草醬則發展成爲後來的醃漬品。

製作醬油時，首先在蒸熟的黃豆及煎過的小麥當中加入麴菌，製作出麴。接著加入食鹽水，然後讓完成的「醪」發酵、熟成。醪就會開始被麴菌所生成的酵素所分解，透過抗鹽性的乳酸菌或酵母菌的運作進行發酵後，再進一步熟成。古早時期的做法是，利用附著在貯存醬油的木桶或容器角落的微生物來製作。各種微生物陸陸續續產生作用，產生不同的風味。發酵或熟成約需半年至一年的時間，發酵過程中將生成的醪榨取出來並加熱，就能製作出醬油。透過加熱，微生物的活動開始停滯下來的話，就會使得香氣風味更加強烈。

醬油的味道主要源自於發酵或熟成過程中所產生的麩胺酸等胺基酸的鮮味，之後再與胜肽及醣類、有機酸混合而成。醬油的顏色則是來自於胺基酸及醣分在加熱過程中所產生的梅納德反應。

在倒出醬油時，所產生的獨特香氣會令人食指大動。醬油的香氣是源自於酯類及羰基化合物、苯酚化合物、含硫化合物等300種以上的成分均勻分布而成。而4-乙基苯酚是形成醬油獨有香氣的成分。醬油的獨特氣味是在酒精發酵沉澱後，進入熟成期間所增殖的後熟酵母所產生。而醬油在燒焦時散發出類似可口的香氣，也是由梅納德反應所產生。

剛壓榨出來的諸味（醪）醬油稱爲生抽醬油（生揚醬油）。鮮榨醬油有一種特有的沉穩風味，但是未經過火入（加熱殺菌）的醬油不易保存及流通，這種醬油只有在製作現場的人才品嚐得到。然而，隨著現在製造工法及包裝技術的進步，未經火入（加熱殺菌）的醬油也能夠在市面上販售了。它並非使用加熱的方式，而是使用另一種特殊的過濾方式去除醬油中的微生物。此外，廠商還爲了這種過濾方式特別開發出雙重構造的容器，來防止醬油的劣化。

讓食品更添美味的油脂

在麵包上抹上奶油或乳瑪琳，或將沙拉醬汁淋在沙拉上，都能使其滋味更勝一籌。還有天婦羅、炸物、洋芋片等油炸食品，雖然這些食物的熱量似乎都很高，但卻會讓人愈吃愈順口。這類的油脂能夠讓食物的口感產生變化，並賦與特別的滋味。油脂本身並沒有味道，但添加油脂的食物會變得更加可口。這是因爲味覺物質與油脂並存的時候，會抑制苦味或酸味等不討喜的味道，此外我們也認爲它還具有延續鮮味及甜味等後味的功能。

含脂成分高的牛乳爲了讓喝起來的口感濃郁，會添加油脂來提升濃厚感。但由於油脂並不會溶於水中，因此會在食品中形成乳化。若在食品中形成油中水滴型（W／O型）的話，就會感到濃郁；形成水中油滴型（O／W型）的話，則會感到醇厚。依形成並共存的乳化口味似乎會有微妙的相異之處。（請參閱第30頁）

油脂一經冷卻便凝固，加溫即溶解。溶解時的溫度稱爲融點。依油脂種類的不同，融點也會不一樣。由於大豆油或菜籽油等植物性油脂的融點較低，在常溫下爲液體。但是豬油或奶油等動物性油脂的融點較高，在常溫下則多爲固態。雖然沒有特別的定義，但是大致上會區分爲在常溫下呈液體狀的爲油，呈固體狀的爲脂。構成油脂的脂肪酸依種類不同，融點也會不同。融點低的脂肪酸的多或少會決定油脂的性質。沙拉油是由大豆油或菜籽油等植物油所精製提煉出來，爲了能夠方便使用，遂去除容易凝固的成分，因此能一直保持透明清爽的狀態。橄欖油這類未經精製的油脂，因爲有摻雜了融點高及容易凝固的脂肪酸，到了冬季的時候，有時會呈現乳白混濁狀。

食品中油脂的融點與食物的口感相關，與美味度也有極大的關聯。霜降牛肉的柔軟度是來自於筋肉當中的脂肪組織，但經過加熱調理的脂肪溶解後，會使得肉質更加柔嫩，增加食用時的鮮美度與層次感。

炒或炸的食物美味度來自於添加油脂，以及使用高溫調理後所產生。相較於水，油脂的比熱容較小，因此使用同樣的火力，溫度上升的速度會比水快大約2倍，很容易達到高溫。因此炸物可以在高溫、短時間內軟化食材、凝結蛋白質，同時製作出酥脆的口感。除此之外，因爲油脂容易導致高溫的關係，在調理過程中食品成分的分解及反應也會較快速，增添食物的風味。

另一方面，因油脂無法與水混合的關係，也能作爲防止食品間互相附著的潤滑劑。在炒菜的時候，藉由炒鍋吸引油脂的作用，也能防止炒鍋黏著食物。而且鍋內的油會與食物釋出的脂肪形成一層膜包覆在食材周圍。炒鍋的熱度會透過油膜傳遞至食材的表面。在中華料理中有一個稱爲「過油」的技巧，指的就是在炒菜前先將材料放入低溫熱油中，再快速撈起的一項技法。經過低溫油炸後，食材的周圍會產生一層油膜，在炒菜過程中能使水分不容易流失，且縮短炒菜的時間，以及保持蔬菜爽脆的口感及鮮艷的色澤。

餅乾或蛋糕等甜點也不能缺少油脂。薄餅（cracker）和餅乾、派等易碎性質稱爲酥脆性。這是由奶油或乳瑪琳、酥油等固態油脂所產生。另外攪拌油脂後，空氣會成爲細微氣泡的奶霜，這個特性稱爲乳霜性，能夠製作出餅乾或奶油霜等輕爽的口感。

油脂本身並沒有味道，但我們認爲是否是因爲味覺物質與油脂共存時抑制了味道，且發揮了增強味覺效果所導致的結果。例如把苦味及酸味抑制住，然後將鮮味及甜味等後味延長。另外，由於油脂類容易達到高溫，因此在調理、加工時能加速食品成分的分解與反應，增添美味。

增加美味度的香辛料（香料）或香草

能爲食物增添香味或辣味、色澤的香辛料，在增強食物美味度上扮演了不可或缺的角色。（表3－1）胡椒、肉豆蔻、荳蔻等經常使用的香辛料，是由熱帶或亞熱帶地區植物的果實或花朵、花苞、木皮等製作而成。每一種都帶有強烈的香氣，只需要少量就能夠大幅地改善，並提升食物的風味。薄荷或羅勒等帶有清香的植物，則經常用於調味食物。在日本料理中，則經常使用芥末或山椒、柚子、生薑、三葉（蔔葵）等植物。

世界上最廣泛使用的香辛料是胡椒，由原產於印度的胡椒樹果實經曬乾製作而成。未成熟的果實經曬乾製作而成的是黑胡椒，而成熟的果實會在剝皮後經曬乾製成白胡椒，其他也還有綠胡椒及紅胡椒。主要的辛辣味來自於胡椒鹼（piperine）或胡椒脂鹼（chavicine）。胡椒鹼在紫外線的照射下，會轉變爲另一種辛辣味較低的結構類似物。從古時候開始，胡椒刺激的香氣及辣味就令人著迷不已。它不僅能去除魚及肉的腥臭味，還能增加食物的美味，並具有抗菌、防腐的功能。對於食品的保存來

香辛料名稱	成分與特徵	
辣椒	辛味成分：辣椒素	體溫上升、發汗、促進脂肪代謝
胡椒（Paper）	辛味成分：異胡椒鹼（chavicine）、胡椒鹼	促進食慾、防腐效果
芥末	辛味成分：芥子苷 香氣成分：芥末漿	芥子苷被酵素分解釋出辛味成分
生薑（Ginger）	辛味成分：薑酮、生薑醇 香氣成分：單萜類	健胃、整腸作用
山椒	辛味成分：山椒醇 香氣成分：香茅、香葉醇等	食用山椒粉、山椒果、樹芽
肉荳蔻	香氣成分：單萜類	加熱後會產生甘甜味
丁香	抗氧化成分：丁香酚	含有芳香精油成分，有殺菌抗氧化及預防蛀牙的功效
多香果	香氣成分：丁香酚	可作為丁香精油的芳香劑
蕃紅花	黃色色素成分：番紅花	以番紅花飯著名，最昂貴的香料
紅椒粉	紅色色素成分：辣椒素	最早是匈牙利料理使用，現在被廣泛用
薑黃	黃色色素成分：薑黃素	抗氧化，也使用於醫藥用

表 3-1　**鮮味物質**

說，也是個寶物。類似這樣能抗菌、防腐的香辛料有許多種類，古代會使用丁香或孜然、肉桂粉等來保存木乃伊。因此，辛香料不僅是香料，同時也是用來當作防腐劑或藥品的貴重珍品。

調整香味的方式有兩種，一種是去除魚或肉腥臭氣味的遮蓋作用（異味矯正作用），另一種則是給予食材適當香氣的增強作用（賦香作用）。肉類料理經常使用的肉荳蔻或丁香、多香果當中所含的丁香酚，擁有強烈的甘甜香及刺激舌頭的辛辣味及苦味。丁香酚能發揮優異的除臭效果，抑制食材中令人不快的氣味，並使食物的鮮美度更上一層。香草或肉桂粉的甜香滋味，則多用於蛋糕或甜點當中。

辛味作用能刺激食慾。辛味成分除了剛才所提到的胡椒含有的胡椒鹼之外，較廣爲人知的還有辣椒的辣椒素、生薑的生薑醇、薑酮及山椒的山椒醇等。當吃進這些成分的時候，舌頭上的味覺受容體（請參閱第216頁）與溫度感覺及疼痛受容相關的離子通道（ion channel）會接收到通知。接著，會刺激到痛覺和溫度的感知能力，進而感覺到辛辣味，以及香辛料的獨特滋味。因此食用辛辣食物的時候，體溫會升高，說不定也會對這個味道上癮。

香料也用於各種料理的著色。咖哩的黃色是來自於薑黃當中的薑黃素色素。爲了將栗金糖染成黃色所使用的梔子花含有蕃紅花素。而山椒粉或蕃紅花則含有類胡蘿蔔素，能將料理沾染上鮮艷的橘黃色。使用蕃紅花的匈牙利燉飯或蕃紅花燉飯不單只有食物的風味，色澤也令人垂涎。

爲了使咖哩粉這類香辛料更易於使用，也有販售已預先混合好的商品。日本人所熟悉的七味唐辛子（辣椒、山椒、大麻種子、芝麻、陳皮、罌粟種子、藍紫蘇等混合物）還有中國的五香粉（陳皮、肉桂粉、丁香、小茴香、八角等混合物）及法國的四味粉（quatre épice）（四種香料的意思，即黑胡椒、生薑、丁香、肉荳蔻的混合物）等等，各個國家都有不同的香料組合，十分有趣。葛拉姆馬薩拉是由丁香、肉桂、肉荳蔻爲基底及荳蔻等3～10種搭配成印度具代表性的香料。用來增加料理的鮮美或辛辣味，與咖哩粉的功能很類似。但是葛拉姆馬薩拉沒有使用薑黃，故沒有呈現出黃色的色澤。

熟成

時間成就的美好滋味

熟成與食物的各種滋味相關。靜置食物能使得口味更加醇厚，並產生出全新的風味，令食物更加可口。最近流行一股使用低溫靜置法來提升鮮美度的熟成肉風潮，因此經常可以聽到「熟成」這個名詞。對於年份酒或老酒、長時間熟成的味噌或起司等發酵食品而言，「熟成」可說是美味的關鍵。

發酵與熟成經常會被搞混，但發酵並不等同於熟成。熟成的主要因素除了微生物作用之外，還包括了各種不同的物質，而發酵可以說是熟成的其中一項要素。

在熟成過程中食品不會腐壞嗎？在此我們來比較一下「發酵」與「腐敗」的相異點。兩種都是來自於微生物作用，但是食品的發酵是指因微生物作用使得食物成分有所變化，進而增加其風味或提高保存性。若產生有毒物質或惡臭等令人不愉快的變化，則稱之爲腐敗。

熟成是指將食物靜置一段時間，使食物的色澤香味口感呈現更優質的狀態。即使靜置食品後會使其味道產生變化，但若是品質沒有提升的話，就不能稱之爲「熟成」，反而是「變質」或「劣化」。每個人對美味的感受度均不相同，食品也會依種類有各種不同的熟成架構。因此，要定義熟成以及評價，並不是一件容易的事。食物熟成的要素，大致上有微生物的酵素作用（發酵）、食品本身的酵素作用、食品或容器等成分的化學反應及食品成分所產生的物理變化等。當這些要素同時運作交織的時候，就會產生熟成現象。若光只是靜置食品也有可能使食物在轉眼間就腐敗了。在處理食品熟成時，爲了能同時兼顧口味的變化與品質的提升，對於時間或溫度的調整控制等各種訣竅都要經過特別的計算。

鮮味與色澤的變化

味噌或醬油等調味料、火腿或臘腸、起司等都是經過長時間熟成，才能增加風味以及產生出複雜的滋味。熟成肉也是得經過一段時間靜置，才能更添美味。

這些食物都含有豐富的蛋白質。而且這些食品當中的蛋白質經過靜置後，微生物或食品本身帶有的酵素就會被胺基酸或胜肽所分解並轉化爲鮮美的滋味（請參閱第２６頁）

蛋白質是一種與胺基酸長時間連結在一起的物質，被分解後會形成胺基酸或少數與胺基酸連結的胜肽。蛋白質本身並沒有太強烈的味道，但被胺基酸或胜肽分解後會漸漸產生較明顯的味道。此外，麩胺酸是胺基酸的一種，也是一種典型的鮮味成分，具有濃厚的鮮味，但口味單純不會留有餘味。只不過再加上胜肽的話，口味就會變得濃厚具層次。另外，當鹹味或酸味、苦味被減弱的時候，口味也會變得更加鮮美。

雖然說是胜肽，但生物體內便含有約二十種以上的胺基酸，且會因它們的種類及數量多寡，有時候會結合成一個更膨大的組織。在組合中不只有鮮味，還會發現到許多能讓人感受甜味、苦味等味道的胜肽存在。

鮮味胜肽並不會帶來強烈的鮮美滋味，但與鮮味成分的肌苷酸共存時，鮮味度則會有相乘效果。從大豆蛋白質或乳蛋白質分解物當中，會發現到許多帶有苦味味覺的苦味胜肽物質，且這與起司的苦味有關。另外，也有可以讓人感覺到甜味的甜味胜肽。例如減重飲料所使用的甜味劑阿斯巴甜就是胜肽化合物。誠如大家所知，胜肽具有抑制苦味或酸味的效果，並且能使口味更加香醇。

味噌或起司，熟成肉等食品含有豐富的蛋白質，且會在發酵或熟成過程中形成各種不同的胜肽。隨著胜肽的增加，食物的風味也會跟著改善，變得更加複雜，但也更加可口。

熟成會使食物中的成分產生反應，食品的顏色也會有所變化。比如味噌或醬油的色澤變化，就是來自於梅納德反應，且產生出誘人的香氣。

說到令人讚嘆的色澤變化，威士忌酒就是一個不錯的例子。這是在熟成過程中，酒桶材質的成分或酒桶的燒焦成分與威士忌成分發生反應時所產生的變化。

威士忌是使用大麥麥芽爲主要原料所釀製的酒，釀造後進行蒸餾再置入酒桶中存放。剛蒸餾起來的新酒爲透明無色，但放入酒桶中經過長時間的存放熟成後就會變身爲琥珀色的威士忌酒。熟成期間較短的大約三年，時間長一點的也有二十年以上的。

首先，將威士忌靜靜地浸漬在酒桶中，接著酒桶本身的材質會緩緩地釋放出香氣和味覺成分，並開始進行熟成。在熟成的過程中，因複雜的化學反應，會產生色澤的變化，進而醞釀出香氣等成分。

釀造威士忌時，因爲木頭的香氣過於強烈，所以不會直接使用新的木酒桶。而是使用舊的木酒桶或內側表面經過大火燒烤的木酒桶。木酒桶的表面經過燒烤後，會分解出木頭的成分，轉化爲甜味的香氣成分。另外，單寧酸等苯酚將更容易溶於威士忌當中，賦與威士忌琥珀色的色澤、熟成的香氣以及帶有些許苦澀的滋味。

產生獨特的口感

當食物熟成後，會產生獨特的口感，並且提升食物的風味。例如，烏龍麵的嚼勁或麵包Q彈的口感，都是使用適度搓揉過的麵團，並經過數小時的靜置所製作而成。搓揉過的麵團經過靜置，小麥蛋白質在變性後會產生麩質（麵筋）（圖3—3），並形成蛋白質的網狀構造，使得口感發生變化。像這樣僅靜置數小時的過程，也可說是熟成的一種。

手拉麵若是在冬季製作，且經過高溫多溼的梅雨季，將能產生獨特的風味及口感，變得更加美味。在日本，跨越高溫多溼的梅雨季這件事稱之爲「厄」。據說名爲「HINE」（ひね）的手拉麵，因爲歷經了兩次以上的「厄」，所以味道更加美味。雖然這個構成的說法尚未解明，但我們認爲這是作爲原料的麵粉當中，內含的澱粉或蛋白質及加工時使用的油脂，交互作用的關係，才使得風味更加提升。

果實在成熟後會變得柔軟，柿乾則會產生棉密的獨特口感。

在新潟製作而成的鹽引鮭，是將經過鹽漬約一週後的鮭魚，用水洗去鹽分，放置於通風處陰乾，大約歷經三週左右熟成的食品。雖然和鹽漬鮭魚十分類似，但因爲經過熟成的關係，口味大相逕庭。使鹽引鮭更加乾燥並放置到夏季的特產，稱爲「鹽引鮭魚乾」（酒びたし）。隨著乾燥的程度，口感也隨之變化，乾物柔軟的口感會呈現出如生火腿的質地，在成爲鮭魚乾後，口感則會逐漸變硬。將鹽引鮭魚乾切成薄片，浸泡於酒或味醂後食用，不僅有風味的變化，也是一個能享受口感變化樂趣的傳統食品。

將混和成分均一化、安定化也是屬於熟成的效果。醬汁是指先將番茄等香氣蔬菜的汁液或香料等材料混合後靜置，再與食材的甜味或鹽味、鮮味及香氣、辛香料等融合在一起，產生出鮮美味道的調味料。

奶油或巧克力在熟成過程中，原料脂肪結晶的並排方式均一，且能產生出滑順的舌感。口香糖是使用膠基與糖類、香料混合製作而成的食品，會經過存放包裝再出貨販售。剛製作完成的口香糖組織鬆散並不堅硬，但經過一週左右的時間，成分會移動、沉澱，之後組織會變得較爲緊密且更有嚼勁。眞令人訝異！原來口香糖也有食用的時機點。

食品變得更加美味的魔法

在冰箱尚未發明的年代，人們會透過乾燥或鹽漬的方式來保存食物。將保存後的食物取出食用時，發覺風味及口感的變化使得食物益發地美味了。於是更加致力於鑽研能使食物更加美味、更能延長保存期限的方法。結果產生出更多種類的熟成食品。傳統的熟成食品是先人智慧的累積，有許多令人驚嘆的成品。

像這樣的熟成技術，有很多是來自於食品加工時，長時間累積下來的經驗或直覺，但也還有許多架構不明的地方。石川縣的「糠漬河豚卵巢」是指將含有劇毒的河豚卵巢經過三年左右的米糠醃漬後製成的食品。令人感到不可思議的是，原本帶有毒素的河豚卵巢在經過米糠醃漬後，能去毒化並轉變爲有特色的食品。而能將毒素去除的原因，目前還尚未明朗。

另一方面，隨著科技進步即使不再依賴經驗或直覺以及花費時間，也能夠使得食品的風味再現。例如，白菜泡菜或鹹魷魚等，就是食材與調味料一起熟成製作的食品，但以現在的技術，即使不花費時間，也能使用以調味料調出的醬汁添加入食材中做出相同的口味。隨著時代的變遷，做法也許不同，但熟成確實是一種能使各種各樣的食品變得更加美味可口的魔法，而且也能讓大家的飲食生活更加精彩豐富。

第 4 章

探索食材的美味

鮮美的肉類

決定肉質鮮美度的重要因素

在日本，肉類開始出現在餐桌上的時間，大約是明治時代。但消費眞正開始增加的時間，是在戰後經濟高度成長期之後，因此日本人食肉的歷史可以說還十分短淺。隨著肉類消費量顯著地增加，當今則是以年輕族群爲中心，持續著這股肉品的熱潮。究竟是什麼樣的鮮美滋味，使得人們被肉類所吸引呢？在這個章節裡將以科學角度來剖析肉類的柔嫩與香味。

決定肉質鮮美的要素，分爲以顏色或形狀及香味等烹調前的感受以及料理後入口的口感及滋味。例如，在購買肉品時，肉質鮮紅的色澤及適量的脂肪，看起來令人覺得可口。而燒烤肉品時的香味、入口時鮮嫩多汁的口感以及在口中擴散開的鮮美滋味，則令人感覺到美味無比。

肉類的味道，基本上由甜味、鹹味、酸味、苦味、鮮味等五種味道，再加上肉類特有的味道及醇厚感組織而成。醇厚感在肉品本身是無味的，但鮮味等其他的味道會爲它帶來豐厚度和展延度。

味道的主軸主要是來自於胺基酸當中的麩胺酸與核酸相關物質的肌苷酸。肌肉中的肝醣受到分解生成的乳酸，會產生酸味，而稱爲葡萄糖-6-磷酸等醣類則會產生甜味。食用肉品會在肢解後，經熟成過程再出貨銷售。除了在此時形成的胺基酸或胜肽、核酸關聯物質之外，也帶有被認爲是由脂肪形成肉類特有的味道及濃厚感。還有一些已知的成分能平衡複雜的口味。

鮮味物質中的麩胺酸及肌苷酸是生物體內進行代謝時的必要成分。也許它們是維持生命的有利成分，所以會讓人們感知到美味並喜歡享用的滋味。

組織構造與脂肪是決定美味的關鍵

食用肉品是利用牛、豬、雞等骨骼肌進行加工處理過的食品。骨骼肌是由許多細長的肌纖維與將肌纖維束起包圍的肌周膜、脂肪組織所組合。肌纖維是由肌原纖維及

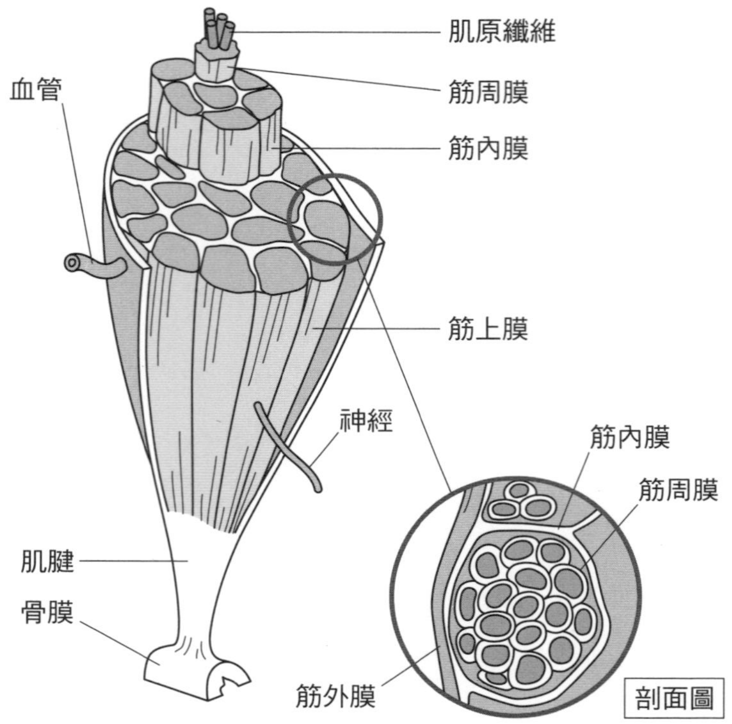

圖 4-1　**肌肉的構造**

肌漿組合而成。肌纖維大約100～150條爲一束（第一肌纖維束），數十束的肌纖維組合而成更大的肌纖維組織（第二肌纖維束），接著再組織成一個完整的肌肉組織（圖4—1）。

肌纖維束的切面面積大小稱爲「肌理」。切面面積小的稱爲「細肌理」；切面面積大的則稱爲「粗肌理」。肌理愈細，則肉質愈柔嫩；愈粗，則口感較粗硬。而捆

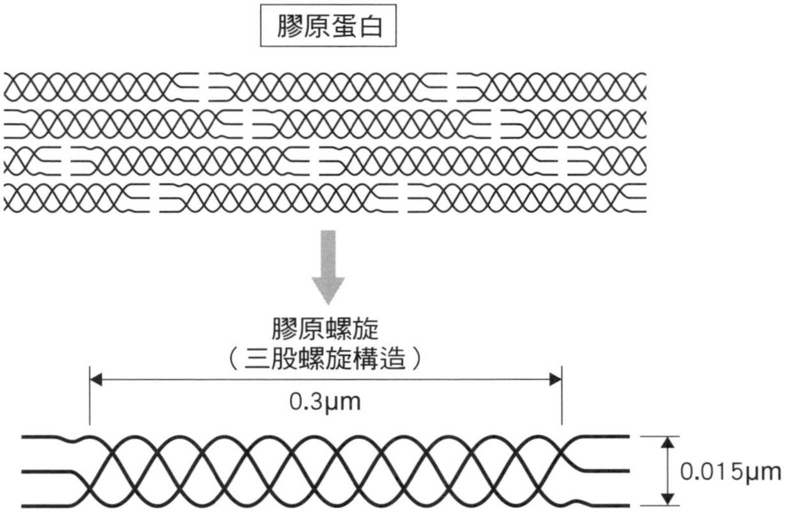

圖 4-2　筋膜膠原蛋白組織的構造

綁住肌纖維的筋膜是由膠原蛋白形成，擔任組織之間連接的結締組織。膠原蛋白是由三股螺旋構造所構成的組織體，呈繩索狀（圖 4－2）。由於它擁有極高的張力，因此數量愈多感覺愈硬。隨著成長或運動量的增加愈發強韌及堅硬。總之，運動量多的情況下，會重複著收縮、鬆弛，使肌纖維束變得粗壯及強韌。另一方面，運動量少的情況下，肌纖維束則會變得纖細柔軟，肌理也會跟著變得細小。肉的部位可分成，運動量較多，肌理粗大的「肩胛」或「腿肉」，幾乎沒有運動，肌理較細的部位則是「菲力」或「里肌」。

營養狀況良好的家禽，在

皮下或內臟周圍甚至肌肉內都含有脂肪。在肌肉當中包含的纖細脂肪稱為「油花（Marbling）」。還有脂肪呈網狀均勻分布在肌肉組織當中的「霜降」。質量適度的油花，賦與肉質柔嫩、具層次及醇厚感的鮮美滋味。

高人氣的和牛不僅擁有鮮美的滋味，肉與脂肪完美融合的軟嫩度也是其特徵。松阪牛、神戶牛等著名的名牌黑毛和牛，肉質就屬於容易有「油花」基因的品種。高級的霜降牛，鮮紅肉質中的脂肪占有率大約在50％左右。

食用肉的脂肪是由中性脂肪生成，構成中性脂肪的脂肪酸種類則依脂肪溶解的溫度（熔點）有所不同。

由於牛肉的脂肪熔點較高（40～50℃），雞肉或豬肉的脂肪熔點較低（豬肉33～46℃，雞肉30～32℃），故在常溫之下，豬肉或雞肉會讓人感到比牛肉來得柔軟。不過，也有熔點比豬肉或雞肉低的和牛肉品種，且擁有易於溶解的特質。因此一經烹調，就會很快地釋放出脂肪，使得口感滑順。

對於肉的美味度來說，香氣也是個重要的因素。而肉類的香氣又分為生鮮肉品的香氣及加熱香氣。生鮮香氣是指生肉本身帶有的香味，這對生食的韃靼牛排來說十分重要。加熱香氣則是指將肉品經過煮或燒烤等烹調過程中所散發出的香氣。加熱香氣又可細分爲好幾個種類，但其中燉煮或燒烤產生的香氣最爲強烈也最爲可口。紅肉在燒烤時所散發出的香氣是由胺基酸與醣分的梅納德反應所產生（請參閱第29頁）。

散發堅果香氛且充滿魅力的熟成肉

雖然前一個章節中才提到「熟成」，但最近販售「熟成肉」的餐廳也增加了。所謂「熟成肉」是指長時間靜置在低溫（0～4℃）的肉品。比起一般的肉品，熟成肉的特徵是肉質更加鮮美柔嫩。

爲了要吃熟成肉，必須先將肉熟成才行。肢解後的肉會因爲死亡而僵化，將肉暫時靜置的話，能夠緩解這種因死亡造成的硬化現象，並恢復原有的柔軟度。這是因爲細胞或組織被肉本身原有的酵素分解，一種稱爲自我消化的現象。肌肉當中的蛋白質被分解後，肌肉就會軟化且同時產生胺基酸或胜肽，提升風味並減少腥臭味。熟成的時間依動物的種類或靜置溫度而不同，雞肉大約半天到一天、豬肉是3～5天、牛肉則是10～15天左右。

熟成肉是指熟成時間比這些更長的肉品，製法有兩種。一種是風乾熟成法，將牛肉暴露在空氣中的狀態下，置入專用的冷藏庫，一邊吹風保存數十日。由於吹風的關係，肉表面的水分會蒸發掉，使得鮮味逐漸濃縮。另一方面，肉本身的酵素運作會分解蛋白質，進而形成鮮味成分的胺基酸或胜肽。同時肉質也會變得柔軟。大約經過一個月後，肉會被黴菌包覆起來，顏色也會有所轉變。此時，削去外側部分的話，中間會出現鮮紅色的熟成肉。由於從削掉整塊肉的一半到完成，需要花費不少時間及程序，因此熟成肉的價格才會居高不下。

另一種則爲溼式熟成法。將已眞空包裝的肉品置於冷藏庫保存，但吹不到風。因此，可以使用冷藏庫將冷凍肉緩緩解凍的方式來製作熟成肉。由於這種熟成法與乾燥熟成法相對應，故稱爲溼式成熟法。但無論何種方式的目的都是爲了保存肉品。即使乾燥熟成法在口味上不會有太顯著的改變，但兩者熟成法在肉質的柔軟度上卻是不相上下。

雖然有「即將腐壞的肉最美味」的說法，但熟成肉並非即將腐壞的肉。腐壞是指腐敗細菌增殖，將蛋白質等物質分解並產生惡臭或有害物質的一種變化。熟成肉指的則是將肉品靜置於溫溼度受到控制的環境之下所製成的肉品，這個過程能夠抑制腐敗細菌的孳生，並且讓原有的酵素或益菌活絡起來，促使肉品達到熟成的目的。

由於乾燥熟成法會蒸發掉水分，所以能夠濃縮肉的鮮美滋味，並產生類似堅果香味，名爲「熟成香」的獨特香氣。在這一種複雜的熟成肉香氣當中，還包含了因微生物活動所產生的發酵氣味。熟成肉令人著迷的香氣與一般的肉似乎是有所差異的。另外，熟成肉也會因爲長時間熟成的過程，發生肌肉構造鬆弛的現象。不同於一般肉的熟成和霜降和牛的肉，經乾燥熟成法製成的肉會呈現出綿綿的、鬆軟的獨特口感。

熟成肉的美味不僅能提升鮮味度，其特有的柔軟度和多層次的獨特香氣也是美味的重要因素。可以說熟成肉是爲了能令堅韌的紅肉變得更加美味可口，而花了一番工夫所製成的食品。

和牛特有的美味祕密

當我們今天準備大快朵頤吃一頓好料之際，腦海中浮現的應該會是松阪牛或神戶牛等高級和牛。肉品店中陳列了各種牛肉，而國產牛與進口牛之間有極大的差別。國產牛又進一步分爲和牛與非和牛的國產牛（國內出產的牛肉），和牛是日本本土品種的牛，分爲黑毛和種、褐毛和種、日本短角種、無角和種這四個品種。黑毛和種占了和牛總數約90％。黑毛和種具有容易摻入遺傳基因的性質。而松阪牛或近江牛等名牌和牛則是在飼料當中下工夫，以育成高品質的霜降肉質爲目的。

最近和牛在海外市場的人氣居高不下，使得日本和牛的出口額增加。政府也致力於在２０２０年前，日本和牛海外輸出量能增加到五倍的貿易政策。

和牛肉特有的美味是以鮮味爲基礎，再加上肉的柔軟度或脂肪量融爲一體後所形成的口感。另外，研究肉品鮮美滋味的日本獸醫生命科學大學松石昌典教授發現，香氣也扮演了和牛肉美味原因的重要角色。

香氣依感知方式分爲透過鼻子感知的「鼻尖香」與在口中咀嚼時鼻子所聞到的「口中香」。口中香則是在食用肉品時，識別肉的種類以及感知美味程度時的重要參考依據。

目前廣爲人知的，帶有肉品特有香氣的化合物大約有１００多種。每一種構造都非常相似，其特徵是含有大量的合硫雜環化合物（圖４—３）。加上這些香氣成分的閾值較低，就像在奧運泳池中滴入一滴左右的2-甲基-3-呋喃硫醇（2-Methyl-3-furanthiol）（譯註：食品用香料，無色油狀液體，呈烤肉和類似咖啡的香氣。）的感受一般。此類成分氣味的最大稀釋比被稱爲ＦＤ因子。也就是將香氣成分階段性的稀釋，同時分析濃度時顯示能感受氣味的程度。ＦＤ因子愈大時，即使濃度稀薄（微量）也能依感知所得到的味道，來分析香氣的成分。按照目前爲止的研究結果顯示，牛或豬這類依動物種類或品種使得肉品香氣不同的原因，可能是複數香氣成分ＦＤ因子大小差異的

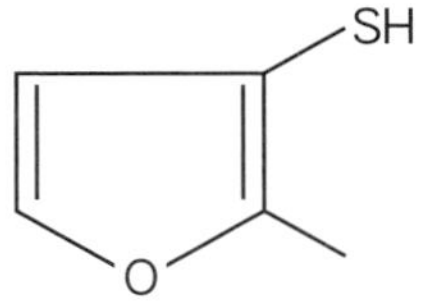

圖 4-3　2- 甲基 -3- 呋喃硫醇 2-Methyl-3-furanthiol（雜環化合物）

關係。例如從牛肉或雞肉當中發現了較大的FD因子成分，進而產生出動物物種特有的香氣。自古以來，和牛肉就被評價爲擁有獨特的甘美滋味。松石教授等人發現，其原因並不是所謂的舌尖味，而是氣味。並且將這種與和牛美味度相關的甘潤醇厚氣味命名爲「和牛香」。和牛香位於脂肪與肉連接處，也就是說由霜降部位所生成。在使用各種條件搜尋後，將和牛肉薄切並存放在空氣之中1～2日後，進行加熱就會產生和牛香。得知在40～100℃的範圍之間，80℃左右是最能夠發揮香氣的溫度。同時也進一步發現到，這個香味的產生過程與細菌等並無關聯。從這個結果來看，將薄切的肉片快速加熱如「涮涮鍋」或「壽喜燒」的料理方式，似乎是最能讓人感受到和牛香、品嚐到美味的食用方式。

松石教授等人使用FD因子親自分析了和牛香的成分。從中發現到γ-癸內酯等與水果相似的甜味成分，以及香料成分如丁二酮、3-羥基丁酮與油脂程度相關的結果。松石教授等人推定這些成分擔任了甘甜味或脂肪香氣的重要角色。

決定肉質軟硬度的因素

肉質的軟硬度，被區分為因膠原蛋白或彈力蛋白等結合組織的基底韌性，以及因為死亡後硬化所造成的內在韌性兩種。

因為結合組織愈多，肉質就愈堅硬，故基底韌性的變化與肉質的口感間有極大的關聯。另外也會與品種及月齡的差異有所變化。和牛肉相較於其他的肉牛，例如進口的安格斯牛肉質會來得更加柔軟，是由於肌纖維當中充滿脂肪的緣故。脂肪是由膠原蛋白纖維所形成的結合組織（膜），故質地柔軟。而且在脂肪交錯的情況下，會使得結合組織的構造減弱。隨著成長，形成膠原蛋白分子間的交聯構造，會使得膠原蛋白穩定化，肉質也變得更加堅硬。而年幼的牛隻因為膠原蛋白分子間交聯構造的生成度較少，故肉質較成牛來得柔軟。

死亡後僵直的肌肉會因為收縮而產生放線菌素。放線菌素是肌原纖維蛋白質的肌動蛋白與肌球蛋白的複合物，因肌球蛋白的粗纖維與肌動蛋白的細纖維複合組織後的新纖維十分粗大，且會因為物理性的結實現象，而有僵硬的感覺。只要將死後僵直現象化解（解僵）後，肉質就會回復柔軟。而關於引起此現象的因子，至今仍衆說紛紜。但是松石教授等人則提出了有別於傳統理論的肌苷酸說。他們認爲肌苷酸會將放線菌素離解爲肌動蛋白與肌球蛋白，類似從肌動蛋白的細纖維與肌球蛋白的粗纖維之間滑出的現象所引起。

發現到這個現象的契機是發現到某些烹調方式能讓花枝急速軟化。由花枝的肌苷酸將放線菌素離解爲肌動蛋白與肌球蛋白的現象來解析，也能從雞肉或牛肉、豬肉當中發現到同樣的現象。於是進行更深入的研究。而美味度的重要成分——肌苷酸與肉質的軟硬度有關，也成爲另一個耐人尋味的話題。

魚貝類的美味度

江戶時代的偉大發明——握壽司

魚貝類的美味度與其嚼勁及彈牙感等口感有密切的關聯性。在這裡就從爲了能品嚐出魚類的美味，結合智慧與技術所誕生的握壽司來探討魚貝類的鮮美滋味。

被海洋包圍日本人，食用著各式各樣的魚類。但魚類的缺點是含有大量水分，且容易腐壞。因此發展出如風乾或鹽漬等保存方法，而壽司原本也是其中一種保存方式。

「熟鮓」是壽司最早期的雛形，也是一種使用米飯醃漬魚肉的料理。米飯會經由乳酸發酵，米粒會溶解到看不出原有的顆粒型狀，且在這段期間能夠醃漬保存魚肉。但是只有魚肉能夠食用，米飯則無法食用。其擁有又酸又鹹的獨特風味。據說熟鮓原產於東南亞，與稻作同時傳入日本。在食物流通及保存技術還未成熟的平安時代或室町時代，熟鮓可說是相當貴重的食品。琵琶湖的鮒壽司就是流傳至今的一種熟鮓。

在室町時代中期，還另外設計出一種比熟鮓發酵時間短，魚肉可以連同醃漬的米飯一起食用的「生成」。到了江戶時代，醋的製作方法更加廣泛，使用醋的「早鮓」也在此時被發明。若使用醋的話，就不會產生乳酸發酵，且能夠提早食用。以早鮓的方式，在箱內放入醋飯鋪上魚肉重疊，經數小時後就能食用的「箱壽司」或是將醋飯與魚用竹葉捲起來的「竹葉壽司捲」也是在這個時期發明出來的。另外，還有我們熟悉的「握壽司」，發明於文政年間（1818～1830年）。是將生魚切片貼合於醋飯上的壽司料理，而它的靈感則是來自於竹葉壽司捲。據說當時的握壽司是可以在街邊小攤上快速完食的料理，說不定現在便利的迴轉壽司就是回歸到江戶時代原點所發想出來的料理呢！

雖然如此，但江戶時代的握壽司與現在的握壽司當然還是大不相同。一貫的尺寸大約是一個飯糰的大小，經常可以吃到的食材是鰶魚或白肉魚、鮑魚、玉子燒等。當時不常使用鮪魚，但是到了醬油推廣開來的江戶時代後期，則構思出「漬」的形態，並開始普及化。

現在大家所吃的握壽司可說是離不開醋或醬油。再加上物流及保存冷藏技術的進步，即使沒有居住在海的附近也能吃到各式各樣的握壽司。

紅肉、白肉、花枝、貝類——壽司食材的口感其來有因

握壽司大部分使用的是鮪魚等紅肉魚或鯛魚等白肉魚、花枝或章魚的頭足部、蝦肉等甲殼類及各種魚貝類組合後，搭配出豐富的味道和顏色。除了這些魚種外，壽司還有什麼地方吸引著人們呢？其實除了魚類之外，還能享受來自貝類等許多不同食材的美味口感。

無論是魚或是肉，雖然食用的部分一樣都是肌肉部位，但是口感卻大相逕庭。這是

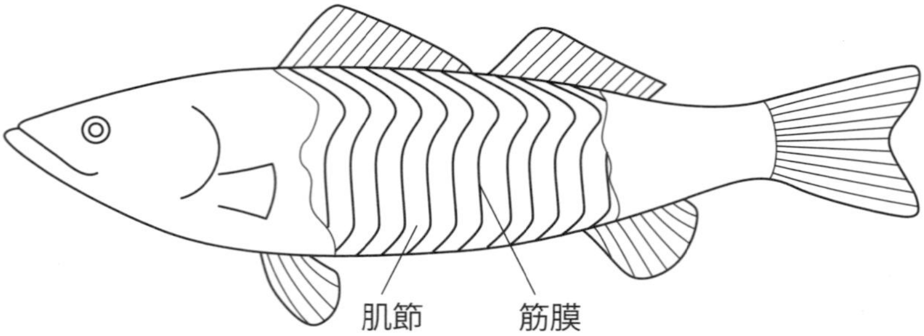

圖 4-4　**魚的肌肉構造**

因爲肌肉構造不同的關係。牛肉等陸地動物的肌肉是由較長的肌原纖維所組織而成，兩端以細小但堅固的肌腱連結（請參閱第76頁）。而魚肉的肌原纖維較短，以2～3公分的層狀構造排列（圖4－4）。想想魚肉切片的樣子，或許就能浮現出對魚的肌肉構造些許印象。一層層的部分稱爲「肌節」，和肌節與肌節之間則由稱爲「肌膜」的薄膜來連結。這層薄膜是由膠原蛋白等堅韌蛋白質形成網狀構造，在背骨與表皮之間游移著。膠原蛋白是一種不溶於水或食鹽水的纖維狀蛋白質，它的質地與質量和肉的軟硬度相關。由於魚肉的膠原蛋白（2～3％）較牲畜類（5％）來得少，所以較爲柔軟。另外，維持膠原蛋白構造所特有的胺基酸「羥脯胺酸」也比牲畜類少的關係，使得肌節間的連結較弱。然而這種層狀構造與肌節連結較弱的特點，則造就了魚肉纖細柔滑的口感。

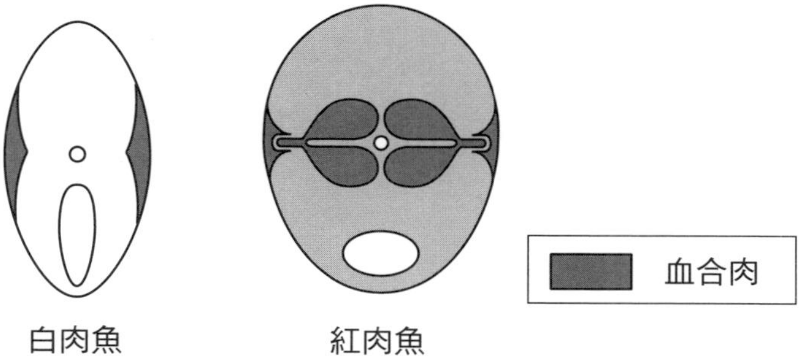

圖 4-5　紅肉魚與白肉魚肌肉組織之相異處

魚類或貝類、甲殼類有許多共通點，但是因爲肌肉和器官的構造不同，吃起來的口感也會不一樣。例如魚的品種不同，膠原蛋白的含量也會不同，膠原蛋白含量高的魚肉吃起來口感較硬，如貝類或花枝、章魚都是因爲擁有比魚類更高含量的膠原蛋白，所以肉質較魚類硬。對於經常食用魚貝類的日本人來說，感受這些不同的食材口感與敏銳度也是種樂趣。

看看這些壽司的食材，發現紅肉魚片切得較厚，而白肉魚片切得較薄。這是由於肌肉的組織構造不同的關係。像鮪魚或鰹魚等肉質呈現紅色，血合肉組織較多的爲紅肉魚，而像比目魚等肉色呈白色的魚類，則是因爲暗紅色的肌肉組織較少的緣故，故稱爲白肉魚（圖4－5）。血合肉是指普通肌肉之外暗紅褐色的部分，與普通肌肉相比起來，血合肉的比例若是以沙丁魚來說的話，大約超過了30％。肉的顏色會受到肌肉色素肌紅蛋白量的影響。肌紅蛋白是透過運動儲備能量，加上它可以爲肌肉預備氧氣，因此運動量多的洄遊魚多爲紅肉魚，而不常游泳的沿岸魚及底棲魚多爲白肉魚。從化學角度來看的話，如果肌紅素的含量足以產生肌肉，那麼大多是指紅肉魚。而肌紅素少的則會是白肉魚。因此紅肉的程度會依照魚種不同，有從深赤色到淡赤身等形形色色的種類。但是鮭魚與鱒魚的紅色肌肉卻不是肌紅素，而是來自於另一種稱爲蝦紅素的色素。故不歸類於紅肉魚。

鮪魚等紅肉魚肉質柔嫩，而河豚或比目魚等白肉魚則較堅硬。這是因爲紅肉魚的脂肪及肌原纖維較多，故肉質柔軟。因此厚切鮪魚的話，最能品嚐出其鮮嫩Q彈的滋味。只不過，若切得太薄的話，就無法感受到那彈牙的美味了。另一方面，由於白肉魚的筋膜厚實，且加上富含膠原蛋白，口感會較爲扎實。因此白肉魚通常會切成薄片，不僅較容易食用且能享受其嚼勁。不過白肉魚當中的鯛魚，因爲膠原蛋白含量少，通常會連皮一起切成厚片食用。

花枝擁有與魚肉不同的特別口感。花枝的肌肉組織構造是由稱爲斜紋肌的肌肉組織層層疊疊所構成（圖4—6）。魷魚等花枝科的身軀由四層薄且堅韌的表皮，以及與體軸垂直的纖維和具有縱向纖維的內皮所構成。花枝之所以容易橫向斷裂，正是因爲纖維是橫向的關係。另外，若將花枝連皮加熱的話，身軀會呈現蜷曲的原因在於皮與

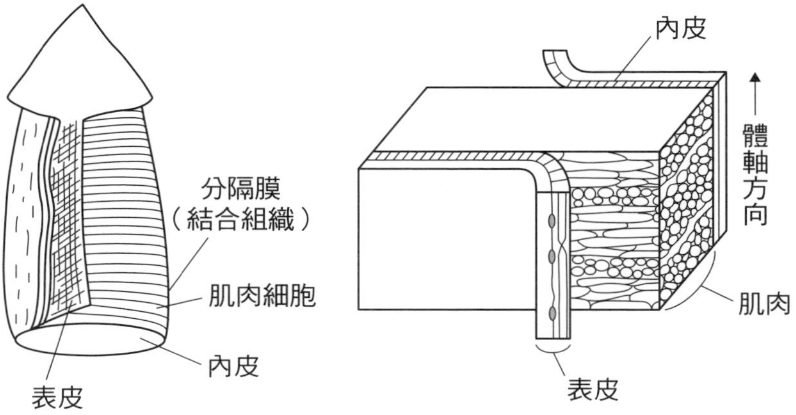

圖 4-6　**鮮味物質**

肉的纖維走向不同，收縮系數也不同的關係。

在處理花枝的前置作業時，需要先將皮剝下，此時剝下的是第二層皮，第三層皮會呈現立體網狀，第四層皮則相對於體軸纖維會呈縱向。第四層皮由堅韌的膠原蛋白所形成，與肌肉緊緊地結合在一起，爲了方便人們食用，通常以斜切方式切片。另外，如果從兩個方向進行切開的話，加熱時它就不會捲曲起來。

我們再來列舉一個白肉魚的特徵吧！這項特徵適用於製作出有嚼勁的魚板。這個嚼勁在業界的用語稱爲「足」，是決定魚板品質的重要因素。雖然魚板有許多種類，但無論哪一種基本上都經過下列四個步驟(1)由魚身上取下魚肉(2)加入食鹽後揉和(3)塑型(4)加熱。爲了呈現出「足」的口感，食鹽與加熱是不可或缺的部分，透過食鹽會將形成魚肉肌原纖維的蛋白質釋出。經過搓揉後稍微靜置一會兒，釋出的蛋白質會糾結在一起。進行加熱後分子間會開始產生結合作用，待產生網狀構造之後，就會凝固形成「足」。

依照魚的品種不同，足的強度也會有所差異。「白姑魚」或「合齒魚科的魚」等白肉魚的足比較強，而「沙丁魚」或「鰹魚」等紅肉魚的足則較弱。我們認爲是因爲魚種的不同，所以形成足的肌原纖維蛋白質含量也會有所不同的關係。

最能讓人享受嚼勁的水產食品非貝類莫屬了。貝類的美味，除了彈牙的口感之外，還有咀嚼時產生的甘美滋味以及來自海洋的氣息。日本人從早期年代時就開始使用鮑魚或蛤蜊等作爲壽司材料，品嚐其鮮甜滋味。也有其他不同種類的貝類被用來當作壽司食材。貽貝、蛤蜊、扇貝等都是常用的貝類食材。一般來說，大多是使用生的貝類，貝類因爲膠原蛋白含量高的關係，口感較硬，常以蒸或煮的方式來料理。另外，貝類也扮演了能量來源的角色，它儲存的不是脂肪而是糖原（glycogen）。糖原本身並沒有味道，但它賦與了貝類香醇濃厚的滋味。

Q彈的口感是生鮑魚的特徵。而這「Q彈」感，則與鮑魚當中富含的膠原蛋白有關。雖然肌原纖維或筋膜較短的肉質較容易食用，但壽司職人卻會刻意順著肌原纖維方向斜切貝類。這樣一來，肌原纖維就會有長有短，產生出不同的風味。依每位職人的處理方式不同，有些會故意將貝類表面切成鋸齒狀，或者是為了能讓人品嚐到貝類的甘美，避免沾附過多的醬油等，於料理時施展各種功夫。

肉身呈橘色的「赤貝」，其魅力之處在於獨特的甜味及苦味，且能夠讓人享受到滑潤的口感。之所以會在赤貝表面劃刀，是為了能夠切斷膠原蛋白，方便人們食用的關係。接著，再使用菜刀的平面處敲打赤貝令切口捲曲起來。除了美味，赤貝也是個能用來觀賞的逸品。

表面呈現黑色的「鳥貝」，因為肉質較硬的關係，通常是烹煮後食用。經過加熱後，膠原蛋白產生變性作用的關係，使得入口後容易咀嚼。然而，一年四季皆可吃到的鳥貝，卻只有在產季的夏天時才能用來生食。除了柔韌Q彈的口感之外，還能品嚐到來自貝類胺基酸所產生的甘美滋味。黑色的鳥貝，可說是一首夏季風情詩歌。

OISHI 靈活運用醋飯與海苔

壽司的料理工夫不光是只有在壽司食材，從醋飯或海苔中也能感受得到。由於新米的含水量較高，因此製作醋飯時，會將米放久一點，使它成爲老米。再將水分較少的老米與新米混合，呈現出令人喜愛的軟硬度。

海苔的硬度與色澤會隨著其產地或季節有所變更。而料理職人又將海苔區分爲捲壽司用或軍艦壽司用。將海苔快速過油是爲了讓它的色澤更加鮮艷。色素物質中的紅色藻紅蛋白以及藍色的藻藍蛋白，會與蛋白質結合在一起，但一經加熱，變性作用會使得它們從蛋白質當中褪色。另外，熱度也會使海苔的構造變得鬆散、更加容易食用，並且也能使海苔本身的香味及甘甜味更容易釋出。

不僅是魚貝類，還有醋飯的軟硬度與海苔的入口感，會讓人們在不知不覺中，享受到壽司各種不同的口感。

製作握壽司的這些工夫，原本是爲了讓容易腐壞的魚，變得不容易敗壞而編造出來的，卻日漸進化成能夠讓魚貝類更加美味的技巧及工夫。

海藻的顏色

日本人從早期年代就開始食用海藻類，並且製作出很多海藻加工食品。這幾年則以膳食纖維與富含礦物質等健康食品的姿態登場，廣受人們歡迎，但其實全球食用海藻的民族並不在少數。海藻沙拉或海藻醋漬物等鮮艷的色彩令人賞心悅目。依色調分類爲昆布或海帶等的褐藻類；甘海苔或天草等紅藻類；水前寺海苔等藍藻類及石蓴或青海苔等綠藻類。

由於綠色的葉綠素與紅色的褐藻素同時存在的關係，使得昆布或海帶等的褐藻類呈現褐色。葉綠素是存在於植物當中葉綠體的綠色色素，與蛋白質結合後進行光合作用。而褐藻素則爲類胡蘿蔔素的一種。類胡蘿蔔素是一種廣泛存在動植物體內的一種呈黃色或橙色、紅色的脂溶性色素。胡蘿蔔的橘色或番茄的紅色、鮭魚的紅肉與蛋黃的黃色全都是來自於類胡蘿蔔素。昆布與海帶加熱後會變成綠色也與直火燒烤海藻的原理相同，是因爲隱藏其中的葉綠素被釋出的關係。葉綠素爲弱鹼性且性質安定，但在酸性環境下則變得不穩定，而且也會因爲體內酵素運作的關係，使得它容易變爲褐色。

以鳴門海藻著名的「灰乾若布」，巧妙地運用了灰的特質來防止海藻變色。

將蕨類、蒲葦和稻草等灰燼塗在海藻上並置於日光下使其乾燥，再原封不動地包裝起來，然後將灰燼清洗之後仔細地調製，呈現出線狀。若把海藻直接拿去日照會使它變爲褐色並軟化。而塗上鹼性的草木灰燼後，則可以使它保持鮮艷的綠色，並保有其口感及香氣。而且風味還能保存長達一年以上的時間。

灰燼不僅能快速地吸收海帶的水分，還因爲能阻隔空氣與紫外線的關係，也能防止海帶色素等成分的變化。灰燼的鹼性能抑止海藻酵素的運作，因此能阻止軟化或色素的分解，且能使色素轉化爲更加鮮艷的綠色。

鮑魚彈牙的祕密

食物入口感及嚼感是感受美味度的重要因素，因而被稱爲質地或口感。口感是指在食物入口時，食品如何的變形或流動等物理現象。而嚼感則是指咬下食物時、牙齒感受到的硬度，也能以物理現象來說明。將食品的硬度或黏性、彈性等利用力學特性來測定，再依照其物理性質進行分類，稱爲流變學。使用流變學與依人類感覺做的感官檢測，就可以測出食物的物理性質與美味度之間的關聯性。東京海洋大學名譽教授小川廣男致力於水產與貝類的流變學研究，因而分析出產生鮑魚彈牙感的機制。

以高檔食材聞名的鮑魚，當作壽司食材也十分受到歡迎。柔韌的嚼勁是其特色所在，經常會用於製作生魚片或清酒蒸、排餐料理等。另外，還有中華料理中的乾鮑等，世界各地都有食用鮑魚的習慣。日本人大多以生食方式，享受鮑魚那彈牙的滋味。例如「水貝」這個料理方式，就是將鮑魚摻入鹽使其硬化後再切丁食用。其他國家則會加熱食用。加熱後會變得異常柔軟，口感也有所變化。

由於鮑魚當中含有大量膠原蛋白的關係，口感堅硬。鮑魚的肌肉大約占10％左右，但依部位不同，膠原蛋白的含有量高達20％以上。因此生的鮑魚吃起來有脆脆的感覺，而經過火烤加熱後，膠原蛋白轉化爲明膠的關係，故口感變得柔軟。

在此簡單地說明這個現象的架構。膠原蛋白是哺乳類動物的結締組織、韌帶、皮膚等當中所含的一種蛋白質，據說它占體內蛋白質約四分之一的含量。膠原蛋白本身爲非溶解性，但經長時間加熱後會轉化成爲水溶性的明膠。膠原蛋白的構造爲蛋白質呈三股螺旋規律交纏的狀態，但是經過加熱後螺旋會鬆脫，四散成爲明膠分子。即使冷卻後也無法再恢復成原本的構造，而是以明膠分子不規則的狀態凝固成凍狀。

之所以牛肉經過長時間燉煮後會變得柔軟，正是因爲肉質當中的膠原蛋白轉化成明膠狀態的關係。而魚湯能夠煮到固化也是因爲明膠。蒸鮑魚也是鮑魚在經過1～2

圖 4-7　分析食品硬度或咀嚼性的儀器
為了能解析咀嚼食物時感受到的口感而開發的裝置
（相片提供 左：島津製作所 右：TAKETOMO 電機）

個小時蒸煮製作的過程中，使膠原蛋白轉化成爲明膠的關係。

小川教授等人針對鮑魚口感的變化，進行了詳細的分析。使用可分析這類口感變化的儀器進行食品的物理、化學等物性測試來進行調查。這部機器是爲了解析食物在口中咀嚼時，所感受到的口感而開發的裝置，模仿人類下顎上下運動狀態設計成柱塞泵與平台爲一組的樣式。將食物放置在平台上，利用柱塞泵上下運動擠壓、拉扯食物，以施加在柱塞上的阻力來序時記錄食物的硬度和黏性，並能計算出其平衡值。另外，也有黏性或彈力度來測定並分析口感的技術，在此一起透過它來進行整合以及解析。

結果發現使用微波爐加熱的時候，在某些條件下加熱20秒是最柔軟的。而過度加熱則會變硬。另外，很明顯地，在最柔軟的狀態時所表示出來的硬度數值會接近生飽的五分之一，表示口感產生了很大的變化。從更詳細的結果可以得知，口感的變化與組織構造或水分的變動之間有著極大的關聯性。

米飯的滋味

因無味而美味

身爲主食的米飯，在日本人的飲食生活中不可或缺。應該有許多人會覺得將剛煮好、閃耀著雪白光芒的白米飯送入口中時，有一種幸福的感覺。最近在店面裡經常看到如「越光」等各種品牌的米，也愈來愈多人在購買米的時候會講究品牌。究竟米飯帶給人們幸福感的祕密是什麼呢？

栽培稻米的歷史十分悠久，日本大約從三千年前的繩文時代就開始了稻米的種植。這也意味著日本人食用米飯的歷史至少有三千年以上。而如此長時間食用米飯的理由絕不僅因爲米飯含有被稱爲能量之源的澱粉的關係。

米飯的魅力在於，它與蔬菜或魚肉等任何菜餚都能巧妙搭配，且百吃不厭。這是因爲米飯的滋味十分平淡。米飯在入口時幾乎沒有味道，但經過咀嚼後會感覺到淡淡的甜味或鮮味。而且無論嚼多久，味道都不會產生變化。

米飯爲主軸的和食，以營養均衡爲人熟知。以米飯爲中心加上湯及三種配菜的「三菜一湯」是和食的基本型態。由於米飯擁有和各種主菜或配菜的良好搭配性，因此可以均勻地加進魚、肉、蔬菜和豆類等食物。另外，當吃過配菜再吃白米飯的時候，會因爲米飯淡淡的甘甜味，使得下一口配菜變得更加美味。

通常食物美味的主要原因，來自於其味道或香氣，但若是米飯的口味或香氣太過強烈的話，就無法顯現出菜餚的滋味，並且肯定很快地就讓人感到膩了。因此米飯的美味度與其黏性或軟硬度有很大的關係。

米飯的主成分當中含有均勻的水分、澱粉、蛋白質及礦物質。剛煮熟時，會呈現雪白晶瑩的光澤，加上粒粒分明的形狀給人良好的第一印象，也不禁令人覺得更加地美味可口。入口後能散發出淡淡甜味和香氣，飽滿且柔軟、黏性與軟硬適中的米飯更是首選。而米飯的美味度正與這些要素互相連結。

決定米飯的黏性與軟硬度，是構成澱粉的直鏈澱粉與支鏈澱粉的比例。澱粉是由長串葡萄糖連結而成的構造，而其中的直鏈澱粉是直鎖狀態連接的分子，而支鏈澱粉則是較多分枝的分子（圖4—8）。支鏈澱粉含量多的米擁有較好的黏性，即使冷卻後也不容易變得鬆散；另一方面，直鏈澱粉含量多的米飯則口感較硬，呈現出粒粒分明的狀態。

此外，蛋白質的含量也與米飯的美味度息息相關。蛋白質含量愈少，米飯就愈柔軟，而蛋白質含量愈高的話，就會降低食味。米粒的成分並非均等分布，澱粉集中在中心部位，外側則由脂肪或蛋白質、礦物質集結而成。而表面一種叫做醇溶蛋白的蛋白質，在愈多的情況下表面黏性就愈弱，雪白度與光澤度也會隨之下降。

在高溫且日照量非常充足的條件下，所栽植出來的稻米其直鏈澱粉的含量較低，且能夠產出黏度較高的白米。另外，若在稻米結穗時，施加過多的肥料的話，將會使

直鏈澱粉（多的話較硬，且粒粒分明）

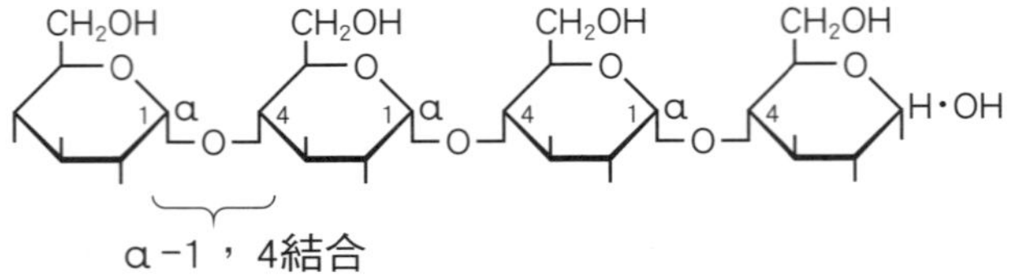

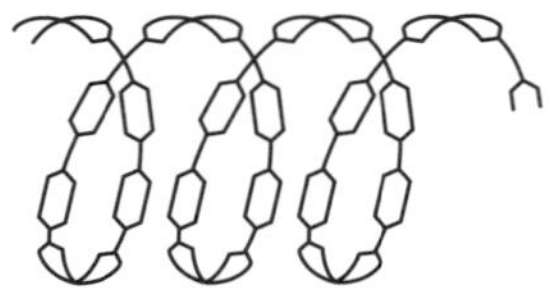

呈直鎖狀的螺旋狀構造

支鏈澱粉（多的話，黏性較高）

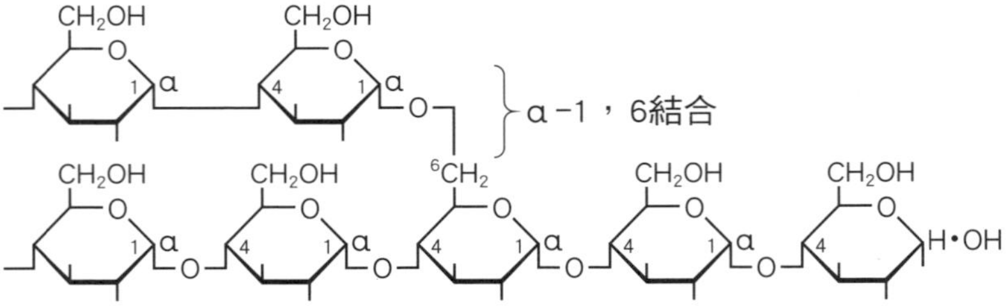

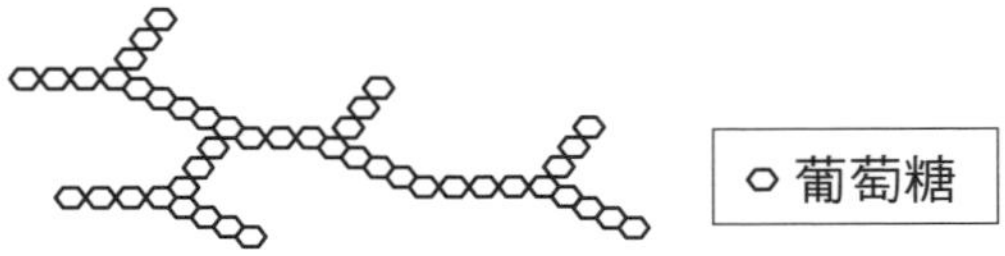

有分枝，呈現團簇狀

圖 4-8　直鏈澱粉與支鏈澱粉的構造

得蛋白質滯留在表面上。由此可知，口味與栽培方法或氣候之間有相互的關係，並且爲了栽培出美味的稻米，在種植的時期、肥料施用方式等栽培方法上，是需要花費一番工夫的。

黏性決定米的特性

平常所食用的白米飯爲一般白米。而做成赤飯或麻糬所使用的爲糯米，糯米米粒比一般白米來得白，黏度高也是其特徵所在。這些米的相異點是來自於直鏈澱粉與支鏈澱粉的含量（圖4－9）。日本白米的澱粉當中，直鏈澱粉約占16～20%，交鏈澱粉含量大約爲80～84%左右。另一方面，黏性較強的糯米的澱粉之中，沒有直鏈澱粉僅由支鏈澱粉組成。

直鏈澱粉含量愈低，相對地交鏈澱粉的含量就會愈高，黏性也就愈強。因此，直鏈澱粉的含有量成爲米的黏性等特性的重要指標。最受日本人喜愛的白米，其直鏈澱粉含量大約在黏性較高的17%左右，而「越光」正符合此條件。由於積極進行品種改良，開發出許多其他黏性高的品牌米，也愈來愈受到歡迎。另外，也透過改變直

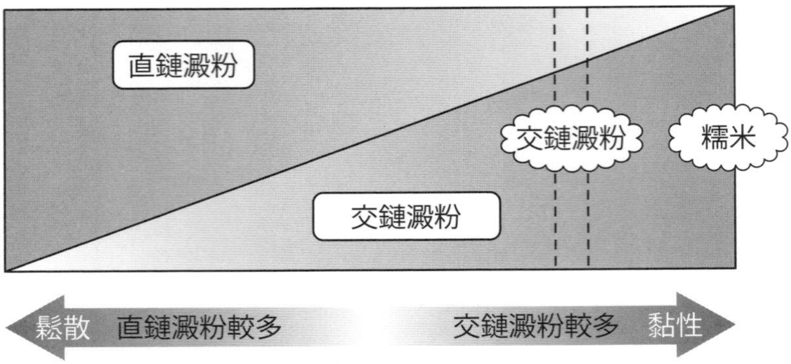

圖 4-9　直鏈澱粉與交鏈澱粉的比例
交鏈澱粉含量愈多的話，**黏性愈強**；直鏈澱粉含量愈多的話，則感到鬆散。

鏈澱粉含量，開發出了可提高加工性的稻米。「Milky Queen」或「Snow Pearl」等就是比越光米等黏性更高的米。這是使白米產生突變，將直鏈澱粉低至5～15％的緣故。被歸類於非「白米」、非「糯米」的「新型態白米」。高黏度的關係，被用來當作製造丸子或米菓的原料，而且在冷卻後也不容易鬆散開來的特質，也十分適合用來製作便當、飯糰等外食食品。

另一方面，還開發出了「HOSHIYUTAKA」及「夢十色」等直鏈澱粉含量在20％以上的高直鏈澱粉米。由於不帶黏性，適用於手抓飯或義式燉飯等米飯料理。雖然僅是爲了測試目的而進行的少量生產，但它擁有容易栽培且具有高產量的優點，因此正在考慮它的新用途。

另外，根據用途又開發出具有2－乙酰

基−1−吡咯啉類強烈香氣的「香米」或含有花青素系色素的「色米」、適合對米過敏的人使用的「低過敏原米」以及適於腎臟疾病患者的「低蛋白米」等品種。

在國外食用米飯時，與日本的米飯相較起來，感覺國外的米較爲鬆散，正是因爲直鏈澱粉含量不同的關係。世界各地的白米，當中的直鏈澱粉含量大約在15～35％的區間，而喜歡黏性的日本人則是不斷地改良品種，並食用直鏈澱粉含量低的米飯。

日本人平時所食用的米，是米粒呈短顆粒狀的粳米。而在國外所吃的米，大多是米粒較細長的秈米，也被稱爲泰國米，是黏度較低的米種。相對於直鏈澱粉含量約16～20％的粳米，秈米的直鏈澱粉含量大約有22～28％左右。因此黏性較低，較不受日本人的喜愛，但是很適合用來製作咖哩飯或手抓飯等料理，因此在東南亞地區非常受到歡迎且經常食用。

直鏈澱粉的含量取決於水稻植物的某種遺傳因子。那是儲存在於第六染色體中、稱爲蠟質基因的遺傳因子。透過這個遺傳基因，會產生合成直鏈澱粉的酵素。粳米或秈米是因爲與此基因相關的運作產生了變化，所以才會發生直鏈澱粉含量相異的情況。另一方面，糯米的遺傳因子構造中，蠟質基因完全喪失了機能，所以並不會合成直鏈澱粉。

蠟質基因很容易受到溫度的影響，且擁有如果溫度高於或低於適合栽種的溫度，蠟質基因的運作就會更強烈的特質。這種複雜的遺傳基因運作方式，使得闡明稻米品質差異性與遺傳因素之間的關係變得更加困難。而美味的因素也不僅只這些，近年來隨著遺傳基因工程顯著的進步，將可以逐漸解析出稻米美味的遺傳基因。

為什麼冷飯變得不再美味

生米本身十分堅硬，無法直接食用，也無法被消化，因此需要經過炊煮才行。煮好的飯，也會因爲冷卻而變硬。像這種米飯硬度的變化與澱粉有關。

以直鏈澱粉與交鏈澱粉爲主要成分的澱粉，在米粒當中會呈現出非常密實的結晶構造。因此在生米的狀態下，是個十分難以消化的物質。在生澱粉中摻入水並加熱後，水分子會滲入結晶構造的縫隙當中。接下來構造會鬆脫、膨脹，並且變得柔軟以及容易消化。這個現象稱爲澱粉糊化（α化）（圖4－10）。米飯在食用之前需要經過烹煮，是爲了將澱粉糊化。更進一步加熱後，澱粉分子會解散，且與大量的水分產生水化現象。這就是成爲粥或糨糊的狀態。一般白米糊化的溫度大約是60℃左右。

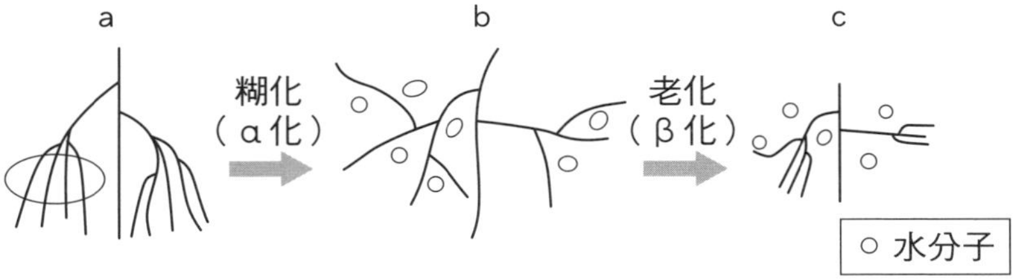

圖 4-10　澱粉糊化（α 化）與澱粉老化（β 化）

冷卻的米飯之所以會變硬且乾巴巴的樣子，是因爲水分從糊化後的澱粉當中脫離，且有些部分形成密實的結晶構造的關係。這個現象被稱爲澱粉老化（β化）。飯鍋的保溫功能設定在澱粉糊化的溫度，因而能夠維持澱粉的糊化狀態。另一個防止澱粉老化的方式，就是在澱粉處於高溫狀態時，直接將它乾燥或急速冷凍。仙貝或冷凍米飯就是其中一個例子。仙貝酥脆的口感是來自於澱粉的糊化，而將冷凍米飯解凍後，就能恢復原有的膨潤。

直鏈澱粉含量高的米，通常較容易產生澱粉老化的現象。因此直鏈澱粉含量低的米飯在冷卻後也比較不容易變硬。剛才提到的「Milky Queen」或「Snow Pearl」等新品質的米正因爲黏性強，因此適合製作便當。其他最近推出的大多都是低直鏈澱粉的米，即使冷卻後也不易變硬，可以做成美味的飯糰或便當。

蔬菜的滋味

蔬菜特有的滋味、香氣、口感

蔬菜爲餐桌增添了色彩及風味，並且讓我們的飲食生活更加豐富。此外，在享受爽脆口感的同時也扮演著相當重要的角色，提供了維生素或膳食纖維。這幾年因爲栽種與物流的進步，蔬菜的種類也愈來愈多元，一年四季都能吃到各種不同的蔬菜。而蔬菜的色彩與它獨特的口感又是來自何處呢？

一提到蔬菜的魅力，當然就是它的水潤感了。蔬菜的含水量高達80～90％，且幾乎都是由水分所組成。因爲它的高含水量造就了番茄閃閃發光的外皮、萵苣的爽脆，或者是小黃瓜的清脆口感，讓我們能享受到蔬菜這種水嫩的滋味。製作生菜沙拉時，將萵苣等蔬菜浸在淡水中，會因爲滲透壓的運作產生清脆的感覺。由於植物組織的滲透壓和濃度大約接近0．85％的食鹽水，因此當將新鮮蔬菜浸入比蔬菜等滲透壓低的溶液中時，水就會滲入細胞之中，使細胞膨脹飽滿。簡而言之，就是使壓力上升，變得更加清脆。

醃漬物或醋醬拌菜，則是將蔬菜浸漬於鹽水或調味料中。只要將蔬菜浸入比它更高的等滲透壓高的液體中，就會開始脫水，蔬菜細胞膜會從細胞壁脫離並發生原生質分離的現象。結果就是蔬菜會變得柔軟，而調味液體會滲入細胞壁與細胞膜之間。這就是醃漬物或醋醬拌菜等蔬菜料理經過調味後入味的原理。

另外，利用水煮、拌炒等烹調方式加熱蔬菜後，也會使蔬菜變軟、容易食用。這是由於細胞壁中的果膠分解轉化成可溶性，使得細胞之間的接著力變弱的關係。果膠是膳食纖維中的一種，它與纖維素一同在細胞壁上擔任連接細胞的工作。

蔬菜帶給人健康的印象。除了水分之外，其他如蛋白質、脂肪等成分都十分稀少，但卻含有豐富的鉀與鈣等、無機質以及維生素或膳食纖維等高營養價值的成分。雖然知道有益健康，但仍有許多人不喜歡吃蔬菜，尤其是許多小朋友都抗拒吃青菜。最近的調查指出最不受歡迎的蔬菜，就是帶苦味的苦瓜或香氣濃郁的西洋芹。過去曾經蟬聯厭惡蔬菜排行榜前幾名的青椒，最近因為品種改良的關係，漸漸變得容易入口，從前幾名退位了。一般來說，蔬菜的口味都偏清淡，有時也會令人感到苦澀味或腥臭味。或許就是蔬菜這種特有的苦味與腥味，才讓有些人想退避三舍的吧！造成這種苦味的原因是植物當中的多酚成分。幾乎所有植物都具有多酚成分，且多達數千種類，還會轉化為色素及澀味、苦味等成分。形成茶葉澀味成分的丹寧酸，也是其中一種。

依蔬菜種類區分，也有含鹼量高的成分或含有許多有毒物質的成分。因此在料理前需要先切割或泡水並煮熟。例如菠菜就含有高鹼性成分，而無法生食。這個鹼性成分為草酸，屬於水溶性，故可以藉由水煮來去除。不過近日也推出經過品種改良，可以作為生菜沙拉食用的低鹼性菠菜。

竹筍的鹼質與澀味的成分來自於草酸或尿黑酸、丹寧酸類等。尿黑酸能將竹筍中所含稱為酪氨酸的胺基酸，透過酵素產生反應。剛挖掘出來的竹筍含鹼質低，容易入口，是由於尚未產生這個反應的關係。在水煮筍子時，加入糠是因為糠會吸收苦澀味的成分，可謂是先人的智慧。

順帶一提，關東煮的鰤魚燉蘿蔔和燉蘿蔔，也經常被做成蘿蔔泥來吃。有些人偏愛蘿蔔泥的辛辣滋味，也有人對這個辣味敬謝不敏。仔細想想，燉蘿蔔一點也不辣，為什麼生蘿蔔泥卻會如此辛辣呢？其實蘿蔔本身並不含有造成這種辛辣口味的異硫氰酸烯丙酯。所以若直接生食蘿蔔的話，也不會有辣的感覺。這是因為蘿蔔當中的葡萄糖基，受到酵素作用的影響轉化爲辛味成分，進而產生辛辣口感的關係。過去，芥末是使用現在不常見的鮫皮磨製而成。鮫皮就如同鯊魚皮般粗糙不平，但與磨泥器等器具相比起來，紋理細緻得多，所以能將芥末磨得非常細，使其香氣及辛味更加濃郁。

小黃瓜等綠色蔬菜的腥味來自於綠色蔬菜的青葉醇及青葉醛的成分。這些就如同除草時或打開茶葉罐時所聞到的綠葉香氛的成分。當葉子受到破壞時，組織中所含的脂肪會被酵素分解，形成氣味成分。另外，剝洋蔥時會掉下眼淚，也是因爲洋蔥的組織受到破壞時會產生反應，引起形成揮發性的烯丙基硫物質的關係。其他如大蒜、韮菜、蔥等也都是因爲這個反應。若使用利度高的菜刀的話，較不容易破壞組織，也比較不會造成淚流滿面的狀況。

蔬菜特有的味道和香氣，大多是因爲組織中的成分發生化學反應而產生的。

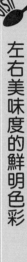

左右美味度的鮮明色彩

蔬菜原有的鮮明綠或紅、黃色可說是其魅力的要素之一。蔬菜的代表色素爲綠色的葉綠素、紅色到黃色的類胡蘿蔔素、淡黃色的類黃酮及紅或紫、藍色的花青素等（表4－1）。

菠菜、青江菜、花椰菜等綠黃色蔬菜的綠色，是來自於葉綠體所含有的葉綠素，也被稱爲光合色素（請參閱第95頁）。菠菜鮮嫩的綠色經過加熱或破壞後會轉成黃色。如此一來，也會令人食慾消退。而顏色會轉變是因爲葉綠素的構造產生變化的關係。葉綠素如同圖4－11般呈現環狀的長形鎖鏈構造。而在環狀構造中央的鎂，則是維持葉綠素翠綠的重要角色。植物體內的葉綠素與脂蛋白結合在一起時，結構上較爲安定，但是經過加熱會使蛋白質產生變性作用，並使鎂脫離使蔬菜變爲黃褐色。蔬菜經過長時間加熱會變黃，正是因爲如此。

此外，植物組織受傷後，會因爲酵素的關係使鎖狀結構的部分鬆脫，進而因爲氧化使鎂脫離轉爲褐色（圖4－11）。受傷的蔬菜會變色的原因也在於此。將鎂替換爲銅離子或鐵離子，可以使綠色較穩定。而被鎂替換的葉綠素銅或葉綠素鐵，則以食品添加物的方式用於豌豆或口香糖等食品當中。

相較於菠菜或花椰菜煮過久後會褪色，紅蘿蔔或番茄即使經過加熱依然鮮紅如昔。這是由於胡蘿蔔素的色素十分耐熱的關係。

色素			主要色素名	存在食品
脂溶性	葉綠素 （青綠～黃綠）		葉綠素 α 葉綠素 β	多為受日照培育的綠葉部分 黃綠色蔬菜
	類胡蘿蔔素系	胡蘿蔔素 （橙紅色）	α 胡蘿蔔素 β 胡蘿蔔素 γ 胡蘿蔔素 茄紅素	紅蘿蔔、茶葉、柑橘類 綠茶、紅蘿蔔、辣椒、柑橘類 紅蘿蔔、杏、柑橘類 番茄、西瓜、柿子
		葉黃素類 （黃～紅色）	葉黃素 隱黃質 辣椒素 番紅花素	綠葉、橘子 椪柑、玉米 番茄、西瓜、柿子 辣椒 梔子、藏紅花
水溶性	類黃酮系 （無色～黃色）		槲皮素 蘆丁 柚皮苷	洋蔥的黃褐色外皮 蕎麥麵、番茄 夏蜜柑的外皮、葡萄柚
	花青素系 （紅、藍、紫）		茄子素 紫蘇素 錦葵色素 鞭毛蛋白	茄子 紅紫蘇 紅葡萄的外皮 草莓

表 4-1　**蔬菜、水果當中所包含的主要色素**

花青素也是一種多酚，是茄子、紫色高麗菜、草莓或葡萄當中所含的紅紫色素。它在酸性下呈紅色，在中性下呈紫色，而在鹼性下則呈現藍色。把紫色高麗菜或茗荷（日本生薑）、生薑浸到醋汁裡會變爲紅色的原理就在此。另外，若將花青素與鐵或鋁等金屬離

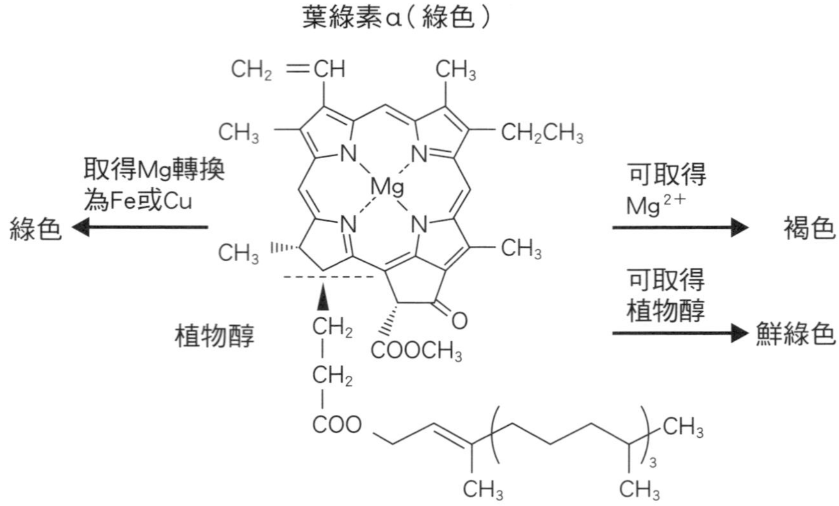

圖 4-11　葉綠素的構造與顏色的變化

子，做成配位化合物的話，能使顏色穩定。這正是爲什麼在製作醃茄子時，會加入鐵釘或明礬的理由。

如何防止蔬果變色

雖說味道是美味必備的條件，但是初次映入眼簾的第一印象也十分重要。若蔬菜原本鮮麗的色彩走了樣，就會讓人覺得似乎少了點滋味。接下來，就試著尋找有什麼可以防止蔬菜變色的方法。

有許多像茄子這樣一經剝皮或切開後就會變色的蔬菜。這是受到植物體內酵素作用的關係。當蔬菜經過剝皮或切開，接觸到氧氣的同時，組織會遭受破壞，容易引發酵素作用。

提到削皮後轉變爲茶色的現象，就會讓人聯想到蘋果或桃子等水果。削皮後會變爲茶色的牛蒡或蓮藕等蔬菜也和蘋果一樣，因爲所含的多酚化合物受到酵素作用，進而氧化產生褐色物質。削皮後的馬鈴薯或切開後的蘑菇則會變黑。這是由於被稱爲酪氨酸的胺基酸受到酵素影響而氧化，產生麥拉寧物質的關係。像這樣因爲酵素作用所發生的變化，被區分爲爲酵素褐變與因梅納德反應所產生的褐變。

爲了防止蔬果變色，只要試著阻止酵素運作即可。舉例來說，將削好的蘋果浸在鹽水中是爲人熟知的方式。這是因爲食鹽能夠阻止酵素運作的關係。

冷凍混合蔬菜在解凍後仍能保有綠豌豆及玉米原本鮮艷的色澤。這是因爲在冷凍前進行了幾道手續，經過熱水汆燙、蒸氣燻蒸的關係。雖然只是一轉眼間的事，但使用90℃以上的高溫加熱時，能使蔬菜中的酵素無法活化，且能保有原本的色澤。而這道前置作業稱爲飛水。能用於蘆筍、毛豆、菠菜、芋類、玉米等蔬菜的加工。

加入檸檬酸或醋酸可以防止變色。因爲會使多酚氧化的酵素在pH值4．2～5．8的環境下活動最爲熱絡，若是加進酸劑的話，可以使pH值降低至3以下，以減弱酵素的活動力。

有時也會使用抗氧化劑。最常被當作抗氧化劑使用的是抗壞血酸（維生素Ｃ）或亞硫酸鹽。由於這些成分本身會自我氧化的關係，所以能夠抑制蔬菜的氧化或褐變。抗壞血酸經常用於像蘋果汁等果汁類、亞硫酸鹽則可以用來防止瓠瓜等食物的變色。

常用於防止變色的檸檬汁，當中也含有檸檬酸及抗壞血酸的成分。

食物一旦變色，賣相就會降低，因此酵素的褐變反應對於食品來說，並不是件好事。不過紅茶或烏龍茶卻是利用褐變反應產生出來的食品。製作紅茶時，需要特意將茶葉放置於高溫、高溼度的場所，讓酵素充分活動以產生褐變反應。另一方面，綠茶因爲使用蒸氣加熱茶葉，使酵素的活動停止，故能維持綠色。

陸續誕生的新品種

目前大家所食用的蔬菜或水果是前人經過長年累月，選拔出品質好的植物，並將其進行嫁接培育而成的品種。因此，與原始的野生品種相比，外觀上有很大變化。據說農耕活動大約始於一萬多年前。人們先採收野生的植物或水果，再從中選出容易栽種、收穫穩定且美味的物種，進而大量栽植。例如高麗菜的祖先，據說就是在古希臘時期野生十字花科的芥菜。使用與現在甘藍菜接近的植物，改良成各式各樣的蔬菜。高麗菜就是將甘藍的葉子放大，外型改造成球狀的蔬菜。另外，將花苞改良成可以食用的蔬菜就是花椰菜。它們的樣子雖然大不相同，但其實是來自於同一科的植物。

當大約一百年前，提到生物雜交後會得到具有不同性質的後代，並規律地遺傳下去的「孟德爾定律」被重新發現後，傳統上依靠經驗和直覺的育種開始轉變爲計劃性的品種改良。隨著育種效率的突飛猛進，培育出許多優異的新品種。現在更開發出能利用遺傳因子的替換或細胞融合的品種改良技術。只不過，至今仍舊是以反覆交配或選拔的方法爲主流。

爲了開發出新品種，首先會以不容易生病或招致害蟲、收穫量高等爲目的來尋找適合的物種。接著會使用兩種不同的品種進行交配，產生出雜種後再從中選出符合目標特質的品種。當發現目標特質的系統後，就會持續以相同的方式反覆進行交配，使具有目標性質遺傳因子的品種能夠穩定下來。這是一般的方式，但是到完成新品種的培育需要耗費約十年的時間。而且水果比蔬菜更花時間，因爲水果要生長到開花結果，需要比蔬菜更久的時間。

最近開始使用ＤＮＡ遺傳標記的方式來進行選拔。這個是用來判斷是否具有目標特質所進行的ＤＮＡ鑑定方式。依個體不同，ＤＮＡ核酸序列也會略有不同，將這些核酸序列不同之處做上記號後，就可以選拔出具有目標特質的品種了。若使用ＤＮＡ遺傳標記方式，只要在幼苗時期由葉片萃取ＤＮＡ即可，可以縮短栽培時間並使品種改良的進行更加有效率。

另外，也有利用輻射線或化學物質使其產生突變，並選出產生有用性質變化品種的方式。剛才所提到的軟綿綿口感的新性質米，就是使用這個方式改良出來的品種。此外還有透過增加染色體數來進行品種改良，稱之爲倍數體，實際上是能夠令果實增大或去除種籽的方式，無籽西瓜或無籽葡萄就是其中一例。

將有用的遺傳基因以人工方式導入，進而改良品質的方式稱爲基因改造法。只是要將特定的遺傳基因置入到特定的位置相當困難，而且遺傳基因定序十分耗費時間。不過，最近開發出「基因編輯」的技術，可以將目標遺傳基因置入目標位置。在日本幾乎沒有使用基因改良法進行栽種的植物，但在美國等地經由基因改造，具有抗除草劑等性質的黃豆或玉米，則是現今的栽種主流。

番茄擁有最受喜愛蔬菜排行榜前幾名的高人氣。在生鮮市場上經常可見到紅色或黃色等色彩鮮麗的番茄或甜度高的水果番茄等各類品種陳列著。而番茄也正是品種改良最爲先進的蔬菜之一，世界上共有超過八千種的品種。

番茄是原產於南美安地斯山脈的茄子科植物，於江戶時代傳入日本長崎。但當時因爲它獨特的腥味和酸味並不討喜，所以未受到日本人的青睞。在大正時代輸入的粉色酸味較弱的「朋特羅沙」品種，是爲了迎合日本人口味，經過改良的品種，只是到了昭和時代才正式普及化。之後，爲了滿足大家一年四季都能吃到番茄的願望，遂展開了溫室栽種。後來，隨著經濟高度成長，產地擴大，能夠滿足在運輸流通時，果實不易腐壞或擦傷等需求的品種也因應而生。這個品種就是在1985年登場的「桃太郎」。桃太郎擁有完熟的大果實，且因爲果實堅硬的關係，所以不容易受傷。此外，它擁有強烈的甜味和鮮味，在當時也締造了一股熱潮。這是發生在日本經濟泡沫時期的事。

伴隨著經濟的富裕，飲食生活也跟著多樣化起來，使得消費者對番茄的要求不斷增加。過去喜歡大顆的番茄，現在卻想要能裝進便當盒裡的小番茄。爲了能夠滿足想要使料理看起來更加多彩豐富等的需求，生產者開始進行品種改良的計畫。而且也順應著有這些需求的消費者，研發出更多的新品種或品牌來刺激更多的消費。

當品種變得如此多樣時，光靠栽培種來進行品種改良是有限度的。因此最近開始重新評估野生品種。從野生品種當中，發現到含有栽培種所沒有的獨有性質，如大量的鮮味成分麩胺酸以及不會招致葉蟎（紅蜘蛛）的物質等。也許在不久的將來會誕生出其他令人驚艷的新品種。

能夠量產高機能蔬菜的管理技術

以不受天氣影響，能穩定生產的未來農業技術之姿而受到矚目的就是「植物工廠」。植物工廠是指以溫度或溼度等受到管理的人工環境來栽種蔬菜的設施。植物工廠不使用泥土，而是使用含有肥料的溶液，並且以水耕方式進行栽培。

植物工廠的栽培環境容易管理，因此也用來作為開發具機能性的蔬菜。其中之一就是針對鉀攝取量受限的透析患者或腎臟疾病患者所開發的「低鉀萵苣」。

由於蔬菜當中含有大量的鉀，所以透析患者或腎臟疾病患者無法生食。因此目前在食用前必須經過汆燙或過水後將鉀釋出。而這種低鉀萵苣與一般的萵苣相比，含鉀量減少了約80％以上，而且少了苦味的關係，食用起來更為順口，真是一件令人喜悅的事。

鉀對於植物而言，是重要的營養成分，少了鉀將無法栽種萵苣。但是現在成功開發出在栽培的溶液中，將必要的鉀少量地逐漸替換爲鈉的種植方式。

另一方面，也開發出配合植物的生理節奏給予日光照射，以提升栽種效率的方法。使用於植物栽種的ＬＥＤ燈，由於是單色的關係，壽命較長，且不會發熱的關係，很適合用來作爲植物工廠的照明設備。ＬＥＤ燈具有波長不同的紅、藍、綠光線，而且根據光色的不同，對植物的效果也不一樣。紅光能促成光合作用，使植物快速成長。而藍光則能促進發芽、植物的型態或促進代謝物的生成。光合作用是指葉綠素吸收光線後所進行的活動。而葉綠素會吸收紅光或藍光。因此，大多數的植物工廠都會安裝紅色及藍色的ＬＥＤ燈。另外，也發現到光的顏色能改變植物的風味，所以目前在企業或大學，盛行著研究使用ＬＥＤ燈栽培植物的方法。

豆類的滋味

在世界各地供人們食用的豆類

豆類是日常生活中熟悉的食品，但大家卻意外地對它有許多不了解的地方。

由於豆類擁有容易栽種，且乾燥後容易保存的特質，自古以來在世界各地種植、食用的豆類就大約有70～80種。最常食用的是黃豆或綠豆這類的豇豆屬、四季豆、蠶豆、豌豆、黃豆等。最近扁豆或鷹嘴豆這類原本在國外才吃得到的豆子，也能在超市看得到了。鷹嘴豆由於外型類似鷹嘴，故而得名，又被稱爲馬豆或桃爾豆等。扁豆又稱作鵲豆，擁有如凸鏡狀的突起處及扁平處的外表，顏色呈現綠色或黃褐色，剝去外皮後則呈赤紅色或橙色。豆類含有豐富的蛋白質及脂肪，經常與澱粉含量高的主食類穀物搭配食用。

另一方面，雖然每種豆類的成分與含量不大相同，但因爲含有有毒物質的關係，無法生食。另外，乾燥後的豆子變得十分堅硬，不容易料理且不好消化，也是個難題。因此較容易調理的豆類種類才能被普及化，以及在加工或烹調方式被下了許多工夫。全球消費最多豆類的國家是印度。由於印度教教徒大多是素食者，故豆類成爲提供蛋白質的重要來源。巴西人也經常食用豆類料理，其中最具代表性的就是使用四季豆與肉類燉煮的豆子燉肉（Fejiaoda）。

在日本栽種的豆類，主要爲黃豆、四季豆、紅豆、豌豆等四種，其中又以黃豆爲提供日常飲食生活中的主要蛋白質來源。黃豆由中國傳入，但日本何時開始食用黃豆，目前沒有確切的依據。隨著佛教的傳入，忌食肉類的觀念愈來愈強烈，因此黃豆所提供的蛋白質被視爲珍貴的寶物。另外，也因爲豆腐或納豆、味噌及醬油等加工技術發達的關係，更加普及化。在江戶時代出版了介紹各種豆腐料理的「豆腐百珍」，使得豆腐成爲了當時餐桌上的明星。

黃豆曾經被大量地種植在稻田間的小路上，現在的自給率大約是5％，其他大多是由美國等國家輸入。依品種的外皮顏色，區分爲黃豆與有色黃豆。有色黃豆又分爲青豆或黑豆、赤黃豆、褐黃豆之外，還有十分稀有的雙色黃豆。在長野縣種植叫做「鞍掛」的黃豆，表皮分布了綠色底及黑色紋路，因爲看起來很像披掛上馬鞍的樣子而得名。黃豆也會依顆粒大小來分類，再依用途做區分。啤酒的經典下酒菜——毛豆，其實就是未成熟的黃豆。

據說紅豆大約在一千七百年前、四季豆則是在大約三百五十年前由中國傳入。不過近年來，有個有力的研究指出紅豆的起源，其實是來自日本的說法。紅豆與黃豆不同之處在於它含有大量的澱粉。營養價值高的黃豆被推廣至全國各地栽種，而紅豆則配合各地區的風土條件來種植，並且以各地的料理方式來食用。在日本當地，大家相信紅豆的紅色有驅邪的效果，因此從赤飯開始使用紅豆的節氣料理漸漸地被傳開來。其他還有節分的豆子或掃墓用的萩餅（Ohagi）等，日本許多的文化或節慶行事都與豆子息息相關。由此可知，對日本人而言，豆類是相當重要的食物。

原產於印度的綠豆，是在江戶時代傳入日本，只不過日本現在幾乎沒有在種植綠豆。因此，看似屬於較不熟悉的豆類，其實是我們經常食用的食物之一。豆芽菜的原料有黑克豆（黑綠豆）、黃豆、綠豆，而產量最多的豆芽菜則是由綠豆所孵化出來的，且占日本國內生產總量的九成左右。作爲豆芽菜原料的綠豆，目前主要是由中國大量輸入。另外，爲人熟知的就是可以作爲冬粉的原料。在日本也會使用馬鈴薯或地瓜澱粉來當作冬粉的原料，但是因爲製作的地方很少，所以我們現在所吃的幾乎都是由中國輸入的綠豆所製作而成的綠豆冬粉。

食用黃豆或紅豆的只有東南亞地區。黃豆大多由美國或巴西生產，主要目的是爲了用來榨取油脂。豆類在日本被稱作是健康食品，除了黃豆當中所含有的蛋白質之外，最近含有膳食纖維以及在紅豆等外皮中的多酚成分也受到矚目。豆類當中也含有豐富的鐵質及維生素B_1。經過日本人的巧思所加工出來的製品，更是將它的美味程度發揮得淋漓盡致。豐富的營養成分也將繼續成爲支援大家飲食生活的食物。

黃豆變身術

在這個章節裡，我們就從豆類的食用方式來探討它的美味。首先，以支援著日本人飲食生活的黃豆開始。

由於黃豆中含有大量的優質蛋白及脂肪，故被稱爲「田裡的肉」。乾燥的黃豆，蛋白質含量約35%，也含有豐富的必需胺基酸。必需胺基酸是一種體內無法合成，必須從食物中才能攝取到的胺基酸，而黃豆當中所含有的賴胺酸是它的特徵。在日本人的飲食生活中，米飯經常與豆腐或味噌湯等黃豆製品作搭配。米飯與黃豆的組合，是基於營養的道理，爲了讓黃豆來彌補米飯當中所缺少的賴胺酸。

但另一方面，不容易消化成爲黃豆的缺點。這是由於黃豆當中含有的「胰蛋白酶抑製劑」（Trypsin inhibitor）會阻礙消化酵素的蛋白水解酶的運作的關係。雖然黃豆無法生食，但胰蛋白酶抑製劑屬於蛋白質，只要經過加熱，就會使其產生變性不活化。因此，先人爲了彌補黃豆的不足，以及增添它的美味，編制出許多的加工方式。

說到黃豆的加工品，除了味噌和醬油等調味料之外，還有納豆和豆腐，以及炸豆皮和凍豆腐（高野豆腐）等種類繁多的豆腐加工食品。此外，黃豆也能夠煉製成沙拉油，這些不同的黃豆型態簡直就像是變身術一般。先人的智慧眞是令人感到驚嘆不已。

味噌或醬油是利用麴菌將經過蒸或煮的黃豆進行發酵再製成的調味品。黃豆當中的蛋白質經微生物分解後，會成爲鮮味成分的胜肽，並誕生出鮮美的滋味（請參閱第55頁）。

納豆在過去是使用稻草將蒸煮過後的黃豆包覆起來使其發酵，再利用稻草當中的納豆菌（枯草桿菌的同類）的運作來完成納豆的製作。現在則大多是使用培養好的納豆菌，添加進蒸煮好的黃豆之中來進行製作。透過納豆菌，蛋白質會被分解，並產生味噌或醬油的鮮美味。此外，造成牽絲狀「黏答答」的物質，是來自於蛋白質被分解後所產生的麩胺酸與黃豆當中所含的果聚糖結合後的產物。

豆腐是由豆乳凝結製作而成。黃豆的蛋白質會完美變身，產生「滑嫩」的口感。將黃豆浸泡於水中，使其軟化後再將它搗碎並進一步加熱，即可榨取出豆乳。豆乳是黃豆的蛋白質萃取液，榨取豆乳後的黃豆成爲「豆渣」。豆渣當中含有豐富的膳食纖維。

添加在豆腐當中的鹵水主要成分爲氯化鈣。過去是使用由海水中蒸餾出來的產物，現在除了作爲凝固劑使用的鎂之外，也會使用氯化鈣、硫酸鈣等。豆乳經過加熱後蛋白質會產生變性作用，進一步添加鹵水後，變性蛋白質的分子間會產生S－S雙硫鍵的結合效應或疏水效應等各種弱小分子間的結合作用。接著，分子開始形成網狀結構。這個網狀結構會將水分鎖在其中，進而形成的凍狀物就是豆腐了。

經常用來作爲湯料或精進料理（譯註：不使用肉類及五味香辛料所製作的素齋料理）的腐皮，是將豆乳加熱時表面形成的薄膜勾起製成的。豆乳在加熱過程中表面水分會蒸發，使蛋白質凝固進一步吸附周邊的脂肪並形成皮膜。加熱後的牛奶表面所產生的薄膜也是相同的原理（圖4－13）。撈起來的皮膜爲生腐皮，進一步乾燥則成爲

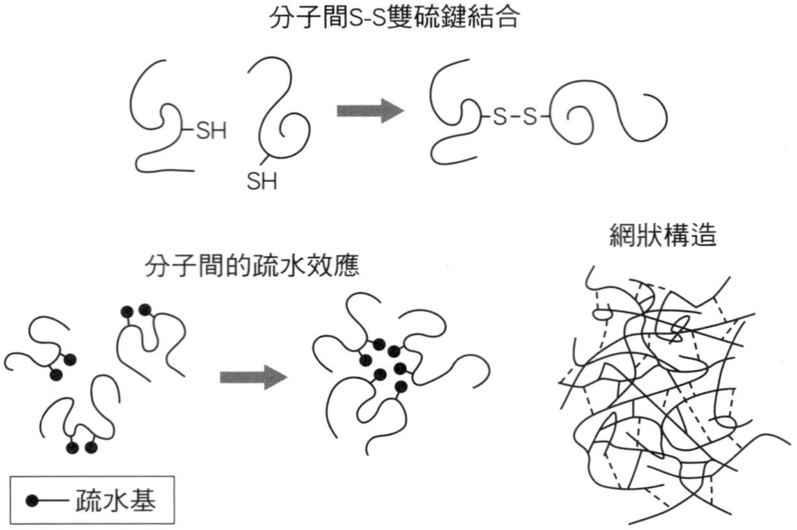

圖 4-12 **黃豆蛋白質因變性而結合**

乾腐皮。

日本自古以來的傳統食品凍豆腐（高野豆腐）是將豆腐經冷凍再乾燥製成的產品。也是一種富含蛋白質並具良好保存性的食物。據說是在嚴寒的冬天裡，不小心將豆腐結凍，無意中發現出來的。由於用於高野山的精進料理，故也被稱爲高野豆腐。將豆腐置於低溫環境下，水分被凍結的同時，蛋白質會發生變性作用。隨後當溫度上升時，水分會被釋出，僅留下黃豆蛋白質的網狀結構。因此，豆腐會轉換爲海棉組織狀，並產生出獨特的口感。若是將凍豆腐用來煮湯的

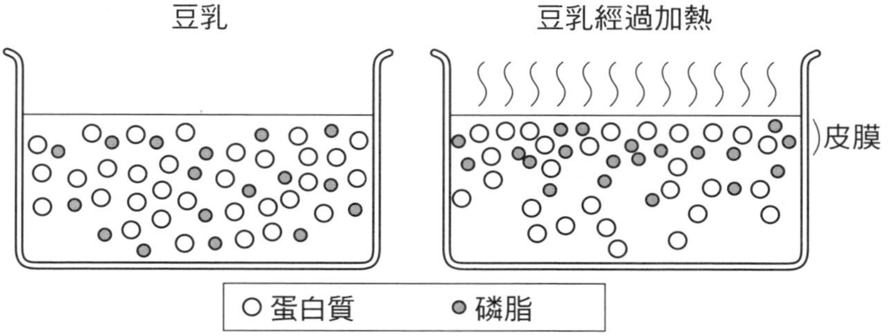

圖 4-13　腐皮的形成

話，海綿組織會吸取大量的湯汁，變得更加美味可口。

巧妙運用澱粉製作內餡

對日本人的飲食生活而言，黃豆會成爲要角的原因在於黃豆加工製品種類繁多的關係。那麼其他的豆類呢？相對於黃豆的高度占有率，紅豆或四季豆等其他豆類的比例較少。而且其中大約有六成被當作「內餡」使用。紅豆或四季豆幾乎都被拿來當作內餡或零嘴的原料，「豌豆」和「蠶豆」則是除了內餡外，大多製成炒豆。在國外有許多豆類料理，但在日本卻不常見。

日本大多將紅豆等豆類製作成內餡或煮豆等，並且調味成甜食來食用，比較少見到當作菜餚來食用的情況。另外，食用甜豆的也只有亞洲國家而已。由於外國人大多習慣食用鹹味的豆子，所以無法接受甜膩豆餡的人似乎還不少。

豆餡是將紅豆等豆類煮至軟爛後，再加入砂糖的餡料，也有一說是指它從中國傳入時，是用來當作饅頭的內餡。平安時代傳入的是包裹著肉餡的肉包，但僧侶們忌食肉類的關係，遂使用紅豆替代，據說這就是豆沙包內餡的起源。到了室町時代，砂糖被廣爲使用，於是開始製作甜的內餡。到了砂糖能夠國產的江戶時代後半期，甜豆或豆餡才普及至一般老百姓都能食用。能夠做成金鍔燒或大福等和菓子時，豆餡才成爲製作和菓子的要角。並且更進一步地製作出可直接食用的蜜黑豆（譯註：使用水、醬油及紅白糖等去熬煮黑豆製成的甜品，為日本家庭常見傳統零嘴或配菜）。

進入明治時代，開始出現煮豆專門店。由於豆類與砂糖是絕妙的組合，所以煮豆與差不多同期登場的甘納豆被當時一般老百姓當作是茶禮來使用。也許是因爲煮豆變得容易購買，所以就不再使用大豆（黃豆等），而是將其他的豆子做成甜的並製成茶點等各種不同的用途。

除了紅豆餡之外也有使用白芸豆製作的白豆餡、豌豆製作的鶯餡等。無論是哪一種內餡，滑潤綿密的口感是它們共同的特徵。與洋菓子的奶油或霜不同，它不具有黏

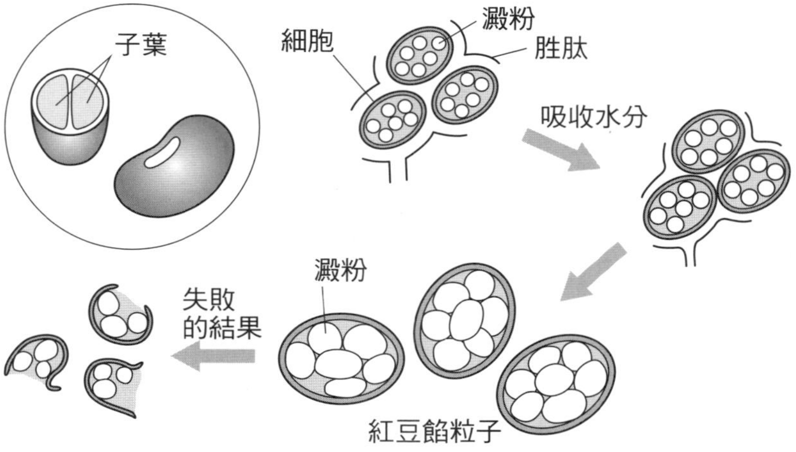

圖 4-14　紅豆餡粒子的形成方法

性，並且入口即化。豆餡必須使用紅豆或芸豆這類含澱粉的豆子來製作。如果使用黃豆或花生等蛋白質或油脂多的豆類來製作的話，只能做出霜狀的內餡，無法做出一般豆餡的口感。不過黃豆生長到一半的毛豆，由於還含有大量澱粉的關係，仍然可以拿來製作豆餡。東北地區食用的「毛豆泥」正是其中一例。「毛豆泥麻糬餅」是將毛豆搗成的綠色餡料，包裹在剛搗好的麻糬內一起食用的甜點。

豆餡獨有的口感，是來自於豆類在熬煮時所產生的「餡粒子」（圖4－14）。被豆子外皮包裹住的部位稱爲子葉。子葉是由被細胞壁所包圍的細胞組成。細胞當中含有澱粉或蛋白質等各自獨立的粒子。

將豆子煮軟後，細胞之間的胜肽會釋出，子葉部分的細胞則會逐一分解散開。細胞中的澱粉會吸收水分並且膨脹，變成糊狀。因爲澱粉而膨脹的細胞就是餡粒子。由於細胞膜十分強韌的關係，細胞內部的蛋白質會受到澱粉的包圍，凝固並穩定化。內部的澱粉不會流出，滯留其中，使得豆餡不會有黏著感。此時，只要再加入可以保水的砂糖，即可產生出光澤以及增加保存性。

將豆子煮熟後帶皮搗碎的稱爲「粒餡」，而僅使用內部粒子製作的則稱爲「漉餡」。在製作豆餡時，若是無法控制機器的速度，造成過度加熱且破壞到細胞膜的話，餡粒子中所流出澱粉會產生黏性，將無法產生出獨特的口感。此外，添加進去的糖量或炊煮的時間也會使其硬度或甜度有所改變。因此要製作出美味的豆餡，需要十分繁複的手續及精妙的技巧。所以才會有要成爲專業的和菓子師傅需要「煮餡三年、熬餡三年」或「煮餡十年」的說法。製作豆餡可說是一件既重要又困難的作業。

第 5 章

掌握烹調的美味

導引出美味的熱能

熱能的傳導方式

烹飪是經由多種多樣步驟組合起來的料理方式，在料理的過程中會產生各式各樣的物理現象或化學反應。平時看似平凡無奇的動作，其實都有其意義和理由。接下來，就讓我們聚焦在這些烹飪過程，了解一下是怎麼產生出美好的滋味。

自從人類得到火這種能源之後，就能夠加熱食物，降低食物中毒的機會。不僅可以安全地品嚐食物，也不需再茹毛飲血。另外，透過加熱這道程序，食品能產生各種化學反應，使得食物軟化而變得容易食用，而且還增添了香氣及鮮美度，使得風味更加提升。熱能爲食物帶來各種好處，因此加熱成爲烹飪過程中不可或缺的步驟。加熱的調理方法有煮或烤等。例如平底煎鍋上的肉是如何被導熱的呢？加熱的原理是「熱能會由高溫往低溫移動，再轉變爲相同的溫度。」熱的傳遞方式分爲「傳導」「對流」「放射（輻射）」三種，加熱調理就是這三種方式的組合。烹調的方式或調理器具、火候的大小等，都會改變食材熱能傳導的方式或速度，因此料理的成果也會有所改變。雖說火候的大小是烹調的基礎，但加熱的方式會大幅影響美味的程度，也是眾所皆知的事。

所謂熱傳導，是指兩個物體間透過直接接觸而將熱傳達出去。「烤」「炒」「煎」等都是常見的熱傳導方式。例如使用平底煎鍋烤肉時，將肉直接接觸加熱後的平底煎鍋就是屬於熱的傳導（圖5—1）。另外在溫度上升時，肉會從表面開始慢慢地將熱能傳遞至內部的過程也是一種傳導。

對流是指熱能可以透過傳遞溫度的媒介，將熱能傳遞出去的過程。空氣或水蒸氣等氣體、水等液體類等媒介，及與該媒介接觸的食品之間的熱傳導，像是「煮」「燉」「炸」「蒸」等都是利用對流導熱的烹調方式。例如，製作烤牛肉時，會使用到烤箱。烤箱當中被加熱的「空氣」會在肉的周邊流動並傳遞熱氣。煮的時候爲「水」，蒸的時候爲「水蒸氣」，而炸的時候則是「油」將熱傳導至食物。從分子層面來看，在熱的空氣或水當中，空氣或水的分子正在激烈地運作。

所謂放射，則是指利用紅外線導熱的方式。最常見的有烤魚或使用炭火來燒烤食

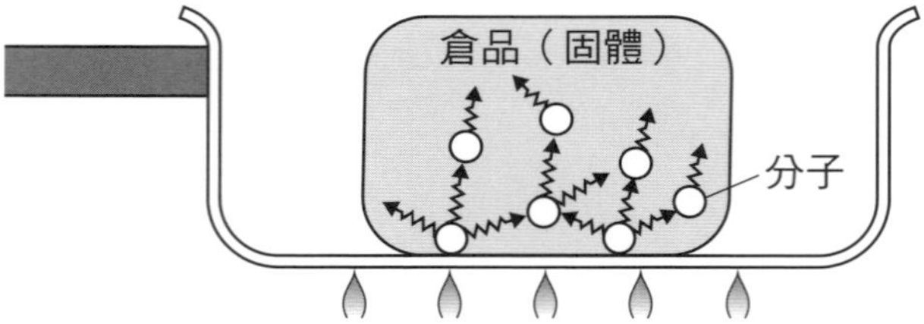

傳導的熱傳遞方式（烤、炒的情況）
透過高溫分子的運作傳遞至鄰近分子

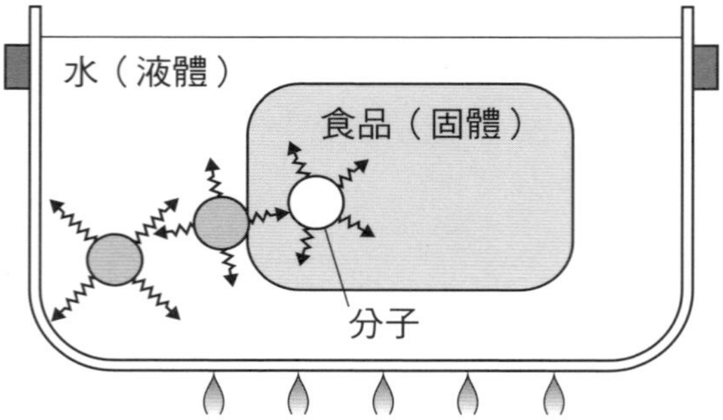

對流的熱傳導方式（煮的情況）
透過對流高溫的液態分子的運動傳遞

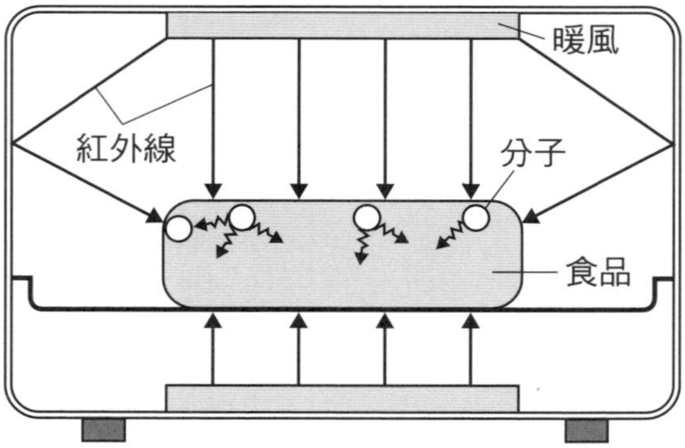

輻射線的熱傳遞方式（烤箱或烤肉架等）透過紅外線來振動食品分子
而激烈運作的分子則衝擊著食物，加熱食物。

圖 5-1　透過調理的導熱方式（傳導、對流、輻射）

品。這是一個低溫的食物吸收自高溫發出的紅外線能量轉換爲熱能的過程。

煮、燉、蒸

利用身爲導熱媒介的水來進行加熱的方式稱爲「煮」「燉」「蒸」。使用大量的水加熱稱爲「煮」，食物在調味醬汁中加熱稱爲「燉」，而使用水蒸氣加熱則稱爲「蒸」（圖5—2）。

在第2章裡曾提到水有許多的特性，但若將水作爲熱媒介時，會從這些特點中產生出各種優勢。首先，由於水的氣壓沸點固定在100℃，故容易控制溫度，不會焦掉。因爲黏度小的關係，容易引起水的對流，使水溫一致。接著，因爲比熱容（譯註：簡稱比熱，是熱力學中使用的物理量，表示物體吸熱或散熱能力，比熱容愈大，物體的吸熱或散熱能力愈強。反之則愈弱。）大的關係，水溫上升的速度緩和，故容易控制溫度。最後，各種調味料能夠溶解在水中來進行食物的調味。含水量少的食物也會藉由吸收水分而變得柔軟。另一方面，水分多的食物則可以將其脫水收縮。食物中的成分也會被釋出，有些時候還可以使用釋出的鮮味成分來去除食材本身的苦味或澀

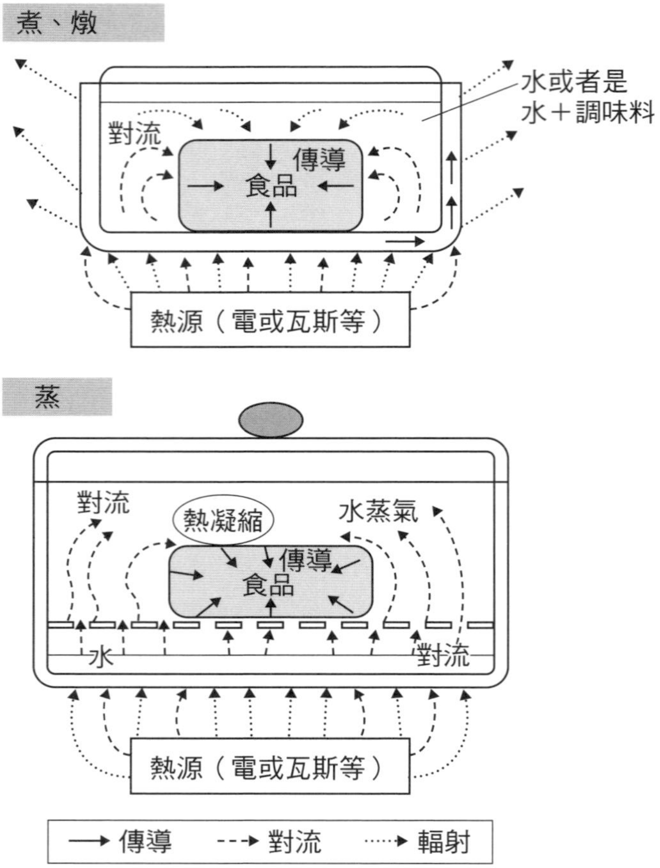

圖 5-2　透過調理的熱傳導方式（煮、燉、蒸）

味等不良成分（鹼質）。

「煮」這個調理方式，是爲了將食物軟化或去除蔬菜中的鹼質而進行的程序。而「燉」則是使食材在加熱的調味液體中軟化並同時進行調味。

即使同樣使用水作爲

媒介來進行加熱，但在「蒸」的調理方式上的特徵就是與煮或燉的熱傳導方式不同。「煮」或「燉」的方式是透過加熱後的水的對流作用，對食品進行熱的傳遞，但是蒸的加熱方式，則是利用蒸煮器內100℃的水蒸氣接觸著100℃以下的食物表面，在轉化爲水之時所釋放的凝縮熱將熱傳導至食物。相較於將1g的水的溫度提高1℃需要1卡路里（15℃的水溫時），1g的水蒸氣轉化爲水時，釋放出的熱量爲539卡路里，差距可說是相當大。故使用水蒸氣加熱時，可以使食品接受到更大的熱能的道理在此。

煮或燉或蒸依調理食物目的的不同有所區分。例如含鹼質高的菠菜，若直接進行烹調的話，會有苦味或澀味，但透過水煮則可以去除這些成分。蒸饅頭會經由水蒸氣快速加熱的過程，使其膨潤鬆軟。「燉」這個調理方法，如前面所述，可以在將食物軟化的同時進行調味。但也有發生燉煮時，不但沒有入味，還將食材煮壞的情況。究竟在燉煮的過程中，味道是如何浸透到食物裡的呢？

味道是透過「擴散」「滲透壓」的原理浸透到食物當中。總之，就是指濃度不同的物質轉變爲相同濃度的現象，也可以說是使調味料所含的鹽分或胺基酸等分子滲透並分散到食物當中。例如，醃漬品是使用生的食材浸漬在調味液體裡。需要花費時間讓味道滲透進入食物。但食品加熱時會破壞組織，使其更容易滲透並能加速味道的深入浸透。

燉魚是將湯汁沸騰後再放入魚。這樣可以鎖住鮮味並在短時間內完成。由於將魚放入沸騰的湯汁時，表面的蛋白質會快速加熱並凝固的關係，可以防止魚肉裡的鮮汁流失到湯汁當中。

湯汁的量愈多，魚肉中就有愈多成分會流進湯汁裡，因此湯汁儘量愈少愈好。但過少的話，又無法使整條魚浸入湯汁裡。這時就是小鍋蓋登場的時機了。小鍋蓋是指直接覆蓋在食物上的蓋子，使湯汁可以分布到魚肉上面，讓調味更容易均勻滲透。在燉煮魚肉時，湯汁會沸騰起泡，此時若使用小鍋蓋蓋上，就可以將泡沫鎖在鍋蓋內，使湯汁擴散開。因此湯汁得以來到魚的上層，讓味道得以浸漬到全體。另外，若使用小鍋蓋的話，可以不需要來回翻覆柔軟的魚身，避免將魚肉煮爛。因此小鍋蓋在煮出入味又膨潤的燉魚料理過程中，扮演了舉足輕重的角色。

馬鈴薯燉肉或筑前煮等美味的燉煮食品，經常被說是「燉煮食物冷卻後才入味的」。但事實上的情況，則是組織受到破壞的程度愈大，味道就愈容易滲入。雖說如此，若持續長時間加熱的話，食物的組織就會過度破壞，導致煮爛。因此短時間加熱，將食物煮軟，但不過度破壞組織的程度，再關火並花點時間讓調味醬汁慢慢滲透到食物當中。這就是所謂的「冷卻入味」。像這樣依溫度梯度（譯註：指描述溫度在特定區域環境內最迅速的變化方向）（依物質特性溫度變化會有所不同）使物質移動現象，稱之爲「索瑞特效應」（熱泳效應）。

燉煮料理的美味、咖哩的美味

那麼，燉煮料理的美味是如何形成的呢？在這裡就使用大家都喜愛的咖哩來作爲討論的案例。大家都知道，咖哩是使用肉及蔬菜與香辛料一同燉煮製作而成。經常有人會說「使用大鍋熬煮出的咖哩比較好吃」或「隔夜的咖哩更好吃」。但其實咖哩的美味是來自於香料的風味、肉的鮮美味及蔬菜的甘甜味所混合而產生的。

在燉煮前，爲了要鎖住鮮味會先將肉或蔬菜先炒過一次。使用熱油拌炒後，熱會使食材的表面部分硬化，全體被油包覆住。於是，帶來水分及鮮美味的成分就會被鎖在食材的內部，不只變得豐潤可口，也較不容易煮爛。另外，將切段的洋蔥緩緩炒至焦糖色，會產生獨特的甘甜味，使口味更加豐富。洋蔥切得愈細，組織受到破壞的程度愈大，同時會產生細胞內部的醣分容易流出的效果。只要能夠緩慢地拌炒，盡可能地讓水分蒸發、洋蔥的醣分濃縮，就能讓人感受到甜味。

咖哩的濃稠感，來自於咖哩粉中的麵粉或馬鈴薯當中釋出的澱粉。咖哩粉中的麵粉所含的澱粉與水在60～80℃時會轉變爲糊狀且呈現出濃稠的狀態。將咖哩粉放入沸騰的鍋內後，只有表面會因爲受熱而急速轉變成糊狀，且不容易溶化。而這種糊狀的咖哩小塊狀物質被稱爲「咖哩粒子」。若將火熄掉後才加進咖哩粉的話，是無法做出「咖哩粒子」的，需要慢慢地煮至確實溶解才會產生。市售的咖哩粉說明書上寫到「請於加入後再熄火」的原因正是如此。濃稠的咖哩醬和食材及米飯和在一起，形成溫潤的口感。不急不徐地讓咖哩粉緩緩溶解，誕生出美好的滋味。

雖然將剛製作好的咖哩放置一晚後會變得更好吃的理由並不明確，但也許是放置了一晚後，原本經由加熱所釋放出的蔬菜或肉類的鮮美味，會擴散到調味料或香辛料當中，才使得味道更加均勻的關係。另外，也因爲肉類或蔬菜的鮮美成分更進一步釋出的關係，使得口味更具層次感。而大家說味道變得更加醇厚的原因，也或許是因爲香辛料的刺激被減弱的緣故。香辛料的刺激減弱與油滴（油的粒子）的大小相關。大部分的香辛料都容易溶解於油中，並且能在湯汁內溶解於油滴，存在於咖哩當中。由於剛煮好的咖哩油滴較大，故容易感覺到香辛料的刺激感，經過一日後，油滴會變小，就比較不易感受到香辛料的刺激了。

OISHI 因熱能而生的美味蛋料理

蛋（雞蛋）是含有豐富蛋白質的食品代表。水煮蛋、荷包蛋、炒蛋、茶碗蒸等，隨便想就能想出許多道蛋料理。有一部江戶時代的料理書：「萬寶料理祕寶箱 卵百珍」，如同字面上的意思是各種蛋料理的匯集。但是卻讓大家見識到蛋白在內側、蛋黃在外側的「反轉蛋」或在還沒有布丁的時代的「冷卵羊羹」等，凝聚了各種創意巧思與工藝的料理。

蛋是由蛋白及蛋黃組合而成，但這兩者的性質卻大不相同。蛋白的特徵是含有大量的水分與蛋白質。雖然固形分（譯註：指水或液體揮後所殘存的物質，通常以％表示。）大約占了12％，但幾乎都是蛋白質，因此蛋白可以說是高濃度的蛋白質溶液。另一方面，蛋黃的特徵則是含有大量的脂肪。蛋黃有50％的固形分，大部分是由脂肪和蛋白質結合而成的脂蛋白。蛋白擁有良好的起泡性，而蛋黃則有高乳化性的相異之處。另外，蛋白和蛋黃的口感也大不相同。蛋料理當中，蛋黃吃起來比蛋白硬的原因是蛋黃缺乏水分的關係。而蛋白水潤的口感，則是來自它的高含水量以及含有不會熱凝固的卵類黏蛋白等蛋白質的緣故。

水煮蛋又分為蛋白及蛋黃都全熟的「全熟固體蛋」及不完全凝固的「半熟蛋」。半熟蛋是指蛋白凝固，而蛋黃還有些黏稠的狀態。另外，還有蛋白凝固，而蛋黃呈黏稠狀態的「溫泉蛋」。溫泉蛋是將蛋浸泡在溫泉當中製作而得名。但是為什麼都是水煮蛋，卻會有這樣的情況呢？這是因為蛋黃與蛋白的凝固溫度不同的關係。蛋黃在未達80℃的條件下，是不會完全凝固的，而蛋白則因為含有許多種的蛋白質，而它們各自的凝固溫度也不盡相同。

蛋白加熱後，首先凝固的是一種叫轉鐵蛋白的蛋白質。它在58℃左右會呈白濁狀、到62～65℃就會失去流動性、70℃則變成塊狀。但在70℃左右時，蛋白仍呈果凍狀。因為蛋白的主要成分卵清蛋白在低於75～80℃的溫度下時，是不會完全凝固的關係。另一方面，蛋黃在60℃的環境下時，不會有變化，但70℃起就會開始凝固形成帶黏稠感的餅狀半熟物質。而達到80℃時則會完全凝固。

如此般，因為蛋白質種類凝固溫度不同的關係，為了要製作出使蛋白與蛋黃都完全凝固的全熟蛋，必須要80℃以上的溫度。溫泉蛋是蛋白完全固化後，蛋黃以半熟狀態的68～70℃加熱製作而成。半熟蛋是以熱水煮成，由於蛋白的部分比蛋黃的部分容易凝固，所以只要調整水煮時間，就能使蛋黃不會產生凝結固化。

蛋料理還有像溫泉蛋這樣，蛋白半凝固蛋黃半熟的「荷包蛋」。荷包蛋又叫做「落玉」或「醋卵」。最近在咖啡廳裡高人氣的班尼迪克蛋，就是在名爲英式馬芬的圓型麵包上，放上火腿或培根，再放上荷包蛋的料理。荷包蛋是在有添加醋的熱水中打入蛋後製作而成的。這是同時利用蛋白質的熱變性與酸變性的方式。蛋白會因爲醋的作用，加速凝結並且將蛋黃包覆住，因此形成蛋白凝固而蛋黃半熟的狀態。

蛋所接受的熱變性溫度爲60～80℃，但依其分裂、調味料的添加或加熱的方式，凝固的溫度或口感上都可能有所變化。

蛋黃無法保持完整原型的原因是包覆在蛋黃周遭的蛋黃膜被破壞的關係。蛋黃膜一旦受到破壞，就變得容易凝固，在大約75℃時會呈現出具彈性的膠狀物質。利用這個特質的料理有玉子燒、茶碗蒸等。蛋在加入砂糖或鹽之後，會提高凝固的溫度。此外，也可以巧妙地利用蛋的特性，並且使用不同的加熱條件來製作出各種蛋料理，進而發揮蛋的美味。

「烤」是指在熱媒介中不加水的一種加熱方式。這種加熱方式有保持熱能熱度且直接燒烤的「直火燒烤」或使用平底鍋等間接加熱的「間接燒烤」（圖5－3）。說到以燒烤方式加熱的料理，腦中就會浮現出牛排或烤魚。

牛排分為中心部位為生肉的「一分熟」、中心部位都烤透的「全熟」及介於前二者中間的「五分熟」等不同的燒烤方式。能夠透過這種方式來改變熱的傳遞條件，是因為不需要使用像水這種導熱媒介的關係。表面酥脆內部多汁的口感，在燒烤牛排時會散發出讓人覺得可口的香氣及令人食慾大開的味道，正是源自於此。

不同於煮或蒸，「烤」會使食物表面的水分蒸發並乾燥，散發出特有的焦香風味。與表面溫度上升的速度相比，食物內部的熱度傳導速較慢，因此食物表面及內部會有極大的溫差。如表面經過燒烤，但內部仍呈現生肉狀態的一分熟牛排，就是因為這種溫差所產生的。由一分熟開始慢慢燒烤，會轉變為五分熟或全熟等，中央部位也能熟透的狀態。

美味的烤魚有著酥脆的外皮，及豐潤多汁的肉質。令人食指大動的焦香味及多汁

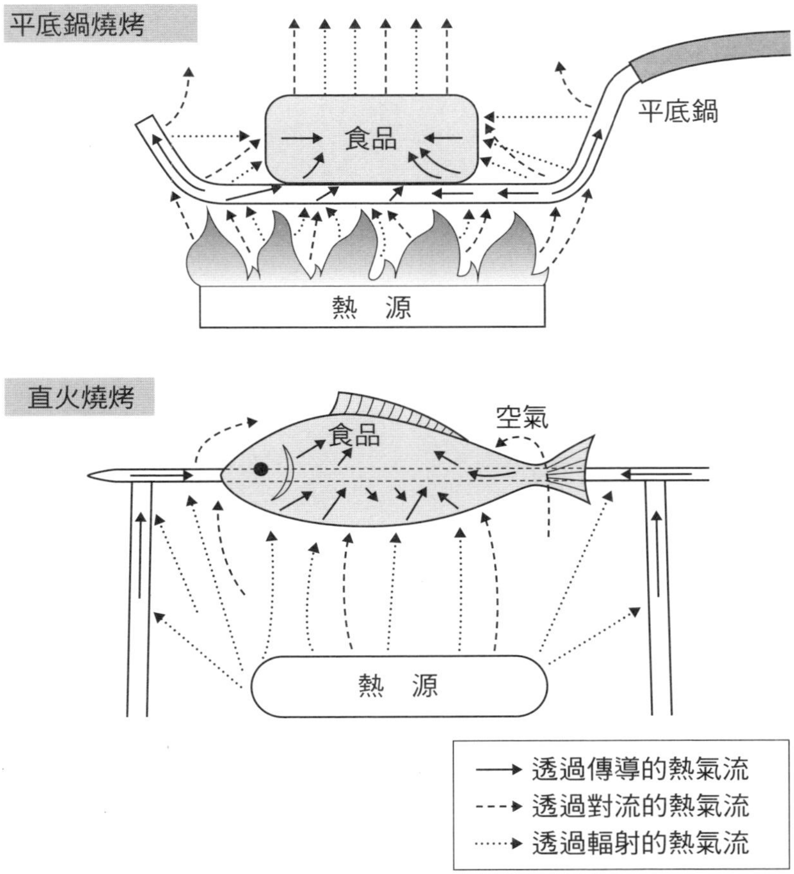

圖 5-3　**透過調理的熱傳導方式（平底鍋燒烤、直火燒烤）**

的口感，讓人可以享受到魚肉的鮮美風味。依烤魚方式不同，所烤出的成品會有很大的差異，也會影響到美味的程度。

烤魚時使用高溫，能將魚的表面烤至焦脆並產生香氣。但使用大火燒烤魚的話，則會有瞬間把魚的外表烤焦，但魚肉中央還是維持生肉的情況發生。不過若是使用小火慢慢地燒烤至中央部位熟透，又會因爲太花時間，而使得水分被蒸發，導致肉質變得乾硬。大家都說能夠燒烤出美味的火候是「遠距離大火」，而使用木炭加熱則被視爲是最理想的方式。

遠距離大火是指表面烤至焦脆，而中心部位也熟透的最佳火候。木炭會釋放出大量紅外線，而這種輻射線會將魚的表面烤至焦黃。再稍微把火的距離拉開後，增加放射熱能的範圍會減緩溫度不均的情況，再運用加溫的空氣對流作用一口氣讓魚的溫度上升，將熱度傳遞至魚肉內部。

即使不用木炭，也能使用瓦斯爐烤出美味的魚。使用瓦斯爐來做燒烤，是先將金屬製的板子燒烤至高溫，使金屬板散發出紅外線，以及放射出熱能。接著，再利用瓦斯燃燒產生的對流來燒烤魚。無論是木炭的火或瓦斯的火，都能透過掌控加熱的條件，燒烤出美味的烤魚。特別是新推出的燒烤用具，能夠簡單控制和設定加熱條件，因此可以輕鬆地製作出美味可口的烤魚料理。

天婦羅或炸雞、可樂餅等是使用油炸方式的料理，酥脆的口感加上油脂特有的風味，讓人覺得美味無比。但是一想到油炸物含有高油脂成分，感覺熱量很高的樣子，又會令人縮手。

炸是一種將油加熱後，利用油的對流性，將熱傳遞至食物的加熱方法。油的比熱容小於水，因此能夠快速到達１００℃以上的高溫。在油中，能將食品的水分蒸發並使油取代水分進入食物當中。簡而言之，油炸就是將食物當中的水分與油分做交換。

任何食材都不添加的「素揚」，會蒸發掉較多的水分，使食品沾附上獨特的香氣。炸洋芋片就是使用油脫水，才能讓人享受到酥酥脆脆的口感，因此油的溫度十分重要。使用１４０℃左右的低溫讓水分充分蒸發後，再使用１８０℃左右的高溫，適度地油炸至金黃色的酥脆口味。

另一種是將食材包裹上麵粉或麵衣後再油炸的「衣揚」，在外皮沾附上油炸香的同時，可以保持麵衣內食材的原始風味。衣揚需要使用１７０～１８０℃的高溫快速油炸。要炸出香酥感，且需要能熟練地使用水與油做交換。若油炸的溫度不夠時，水分無法充分蒸發，而油滲入食材內就無法造就出酥脆的口感，只會感受到油膩的味道。

天婦羅是指將魚貝類或蔬菜類裹上麵衣後，進行油炸的食物。在江戶時代非常流行，到了江戶時代中期則成爲攤販美食，深受一般平民百姓的喜愛。或許也因爲當時盛產菜籽油及胡麻油的關係，連帶使得天婦羅人氣高漲。到了江戶時代後期，天婦羅才漸漸成爲高級料理。

好吃的天婦羅擁有香脆的麵衣，且麵衣當中能完美保持食材原有的風味。它的製作方式爲將包裹好麵衣的魚貝類或蔬菜使用「高溫」油炸，看起來似乎是很簡單的過程，但事實上從準備食材開始、麵衣的製作到油炸的方式等，有各種繁瑣的手續要進行。爲了能做出美味的天婦羅，需要擁有被籲爲料理最高段的精湛手藝或巧妙的技術。衍生出這樣技術的原因，大概是爲了使天婦羅從一般庶民料理晉升爲高級料理的關係。

將魚或蔬菜放入熱油後，食材中的水分會瞬間蒸發掉。相較於油炸天婦羅時使用的油水溫度爲160～180℃，水只需要100℃即可蒸發，故100℃高溫以上的熱油，即可將食材中的水分逼出。

但依食材種類不同，含水量也會不同，若要均勻地逼出水分，就需要改變油炸的方式。若在食材的水分尚未充分蒸發前，就從油鍋中取出的話，便無法形成酥脆的口感，而時間太長，過度的油炸又會使天婦羅太硬，因此無論油的溫度或麵衣的狀態都需要再三確認，務必要在最剛好的時機起鍋才行。

在麵衣當中的魚貝類或蔬菜等食材，能透過水蒸發時的水蒸氣進行加熱。因此也

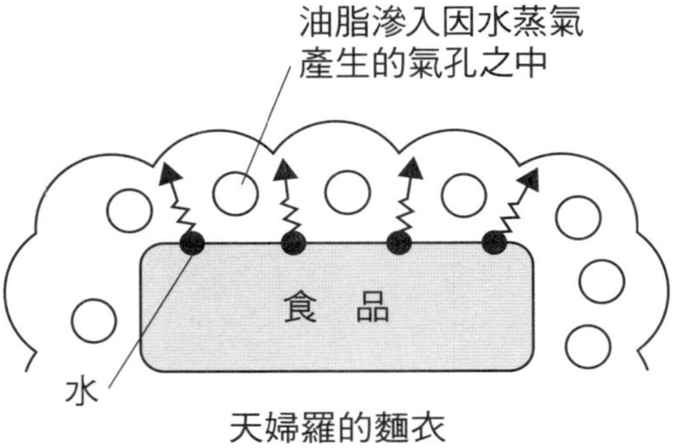

圖 5-4　天婦羅放入高溫油鍋中的狀態

有人將天婦羅稱爲蒸料理。由於食品中多餘的水分被蒸發掉的關係，使得鮮美的風味能被凝結住並鎖在麵衣當中。另外，麵衣因水蒸氣的熱度產生氣孔，使油脂得以滲入，讓口感變得酥酥脆脆（圖5－4）。

麵衣的製作方法也潛藏了使其更美味可口的科學理論。麵衣是使用麵粉加入水及蛋混合製作而成。麵粉加入水後會因麩質（麵筋），而呈現出疏鬆的網狀構造。進一步加熱後，會使網狀構造凝固並將食物的味道閉鎖在其中。但是麵粉若是過度攪拌的話，也會因爲麩質增加黏性而形成細密且堅固的網狀構造，使得水分難以釋出。因此需要使用不容易形成麩質（麵筋）的低筋麵粉來製作。

此外，由於水分或熱傳導的方式會因食材而

異，因此專業廚師會以最適切的方式，將最美好的滋味呈現出來。好吃的天婦羅，正是職人的經驗與技術下的結晶。

OISII 微波爐的快速加熱

使用微波爐能夠輕鬆快速地加熱便當或配菜，並享受其美味。微波爐不僅有加熱食物的功能，且受到矚目的還有能透過使用專用的容器，製作出各種料理等持續不斷進化的功能。現在的家庭裡，微波爐的持有率大約超過九成，儼然成爲飲食生活中不可或缺的物品。

微波爐的發明大約是在1940年代。據說是美國的雷達研究技師波西・史賓塞（Percy.LeBaron. Spencer）在組裝雷達裝置的途中，意外發現口袋中的巧克力溶化了的這段軼事。之後歷經許多研發人員的重複研究，在1974年由美國的雷神公司（Raytheon Company）首度開始販售微波爐。日本則是在1961年先引進營業用微波爐，到了隔年才開始販售家庭用微波爐。

微波爐初登場時最令人感到驚異的是不使用火就能加熱的部分。使用瓦斯或電氣的熱源加熱方式都是由外部將熱能傳導至食物以進行加熱，但微波爐卻是使食物本身發熱後進行加熱。使食物吸收到由一個叫做磁控管的裝置所產生的微波能。微波能是一種電磁波，大多使用於雷達或衛星通訊時，周波數大約是指300MHz（Mega Hertz）到300GHz（Giga Hertz）之間的範圍，日本是使用周波數2450MHz的微波能。

使用微波爐加熱食品時，微波能會充滿在微波爐內並進入食品內部，吸收食品內的水分。而水分子內帶有負電荷與正電荷的部分，會朝向各個方向。吸收了微波能之後，使它們處於與交流電的電場相同的狀態。周波數2450MHz是指每秒正負約24億5000萬次的變換，每次電場變換時，水分子也會跟著旋轉方向。在這個過程中受周圍分子抵抗的關係，水分子無法跟上電場的變化。微波能的一部分就會成爲熱能而損耗。透過這個熱能，能使食品的溫度上升。

微波爐的特徵是可以快速加熱。例如使用微波爐2分鐘左右就能加熱完成的咖哩飯，使用隔水加熱方式卻需要花費15分鐘。而且還要額外等待水煮沸的時間。會耗費時間的原因是必須先使瓦斯爐的熱能透過鍋子傳遞到水，再從水傳遞到食物表面，才能進一步從食物表面傳遞到食物內部，並使溫度上升。此外，據說瓦斯爐的熱能只有50～

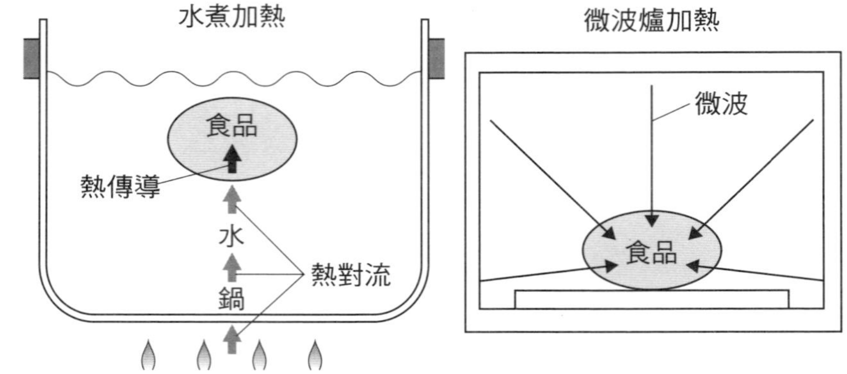

圖 5-5　加溫速度的差異性

80%，透過熱水再傳達到食物的熱能，就會變得相當稀少。另一方面，微波爐的運作原理是微波能能量穿透容器直接被水分吸收，因此大部分的能量都用於使溫度上升。這就是微波爐能快速加熱的原因（圖5—5）。

但是使用微波爐加熱，會有表面溫熱但內部還是冰冷的、加熱不均勻的缺點。因爲物質分成有能使微波穿透的物質、吸收的物質及反射的物質。而這當中會吸微波能的物體才會發熱。按照物質的特性，發熱的難易度並不相同，雖然會因爲溫度有所改變，但愈容易發熱，微波能所需要傳導的深度就愈小。因此食品成分愈不均勻時，加熱不均的情況也就愈容易發生。例如以水及食鹽水來做比較，食鹽水比較容易發熱，故微波能所需要傳遞的距離就愈短。因此含鹽的食品通常是接近兩端的部分會比較容易加熱。另外油不容易發熱，微波能需要傳遞的距離較長，即使含有少量也會變得較不容易加熱。

冰則是幾乎完全不吸收微波能，只會穿透。因此，在解凍冷凍食品時，使用微波爐解凍剛開始融化的物品後，冰的部分的溫度會無法上升，且形成加熱不均的狀況，相對冰而言，水的部分溫度卻能一口氣上升。不過，微波能具有容易聚集在小球狀、圓柱狀的中心部位或四方體的四角部位的特質，這也是另一個加熱不均的原因之一。爲了防止這個現象，後來又增加了轉盤裝置。

另外，也有人有過因爲使用鋁製容器或鑲金邊的食器放入微波爐中加熱，產生霹靂啪啦聲響而受到驚嚇的經驗。這是因爲金屬物質會反射微波能的關係。霹靂啪啦的聲音是由於微波能聚集在鋁箔的角落等部分，與微波爐內壁間產生火花（放電）現象的關係。微波爐可是會因爲稍微的使用不當，而發生意想不到的麻煩呢！

食品製造商或電器製造商爲了能解決這個缺點，不斷地在包裝或開發新機種上下工夫。只要能理解原理，微波爐將會是一台讓你想好好掌握的利器哦！

塑造出美味的形態與質感

刀工

「切」，是在進行料理前必要的步驟，切法也是一種能改變口味的方式。菜刀對廚師而言，如同是另一條命，這是因爲刀工會左右食材口味的關係。也許在我們進食的時候完全沒有察覺到，但每一種切法代表了什麼含義呢？

切的目的在於去除食物無法食用的部分、切成容易入口的大小、容易加熱與調味，以及使它更加美味等。

切的方式分爲切塊或切丁、短籤切、切絲、拍子木切等等。切法改變時，也會改變被切物體的表面面積和體積間的關係。需要浸漬入味的食物表面面積要大一點比較適合，但要防止食物內部成分流失的話，表面面積則要小一點。例如，想要纖細但表面面積大的話，切絲是個適合的選項。即使切同樣大小的物體，以切丁與切絲相比，切

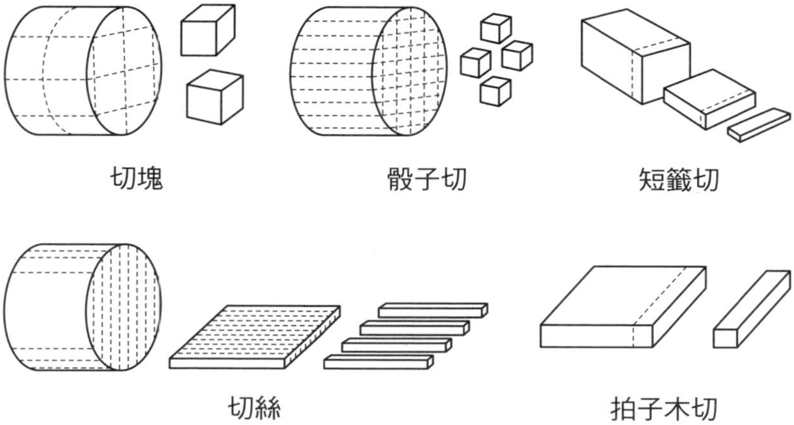

圖 5-6　食材的刀法

丁並不會使表面面積更大。而這些切法也會左右食物的口感與風味（圖5—6）。

另外，爲了使食材入味與熟度適切，也有一種稱爲隱式切割的刀法。像風呂吹大根（白蘿蔔）及關東煮中的白蘿蔔就是使用隱式切割法在中央切了一道十字型。另外也有爲了防止白蘿蔔被煮爛，先削除白蘿蔔的角，再切成圓角形狀的切法。

齒咬感也是美味的重要因素。切肉或牛蒡的時候，若順著纖維方向切的話，在食用時纖維會順著牙齒咬的方向斷裂。雖然口感上比較硬不容易咬，但有時會讓人覺得很有嚼勁。另一方面，若是將纖維切斷的話，纖維變短也會變得更容易食用。

花形切、銀杏葉形切等裝飾切片是將蔬

菜等切成花朵等各種形狀。經常會在節慶料理或宴客料理當中使用。裝飾切片使料理看起來更添華麗感，能突顯出季節的氣氛，也更能帶出料理的美味感。

混合與揉捏

「混合」是指將兩種以上的食材混在一起。混合的目的是爲了使口味及材料均等化。促進熱能的移動以及使物理性質產生變化。將食材混合後，進一步使用「揉捏（混捏）」來提升食品的物理性質。製作麵包或蛋糕等基底麵團時，會使用麵粉加水並充分揉捏。混合能使水滲透進麵粉中，而揉捏則是使麵粉凝固並產生黏性與彈力。

深受大人及兒童喜愛的漢堡排，咬下去的瞬間能感受到肉的彈性，咀嚼時在口中擴散開來的肉汁以及肉的鮮美味則是最令人著迷。而漢堡排這份鮮美的滋味就與「混合」及「揉捏」的步驟有極大的關聯性。

製作漢堡排時需要在絞肉當中加入洋蔥及或麵包粉後再充分揉捏。成品的變化取決於絞肉的揉捏方式。若只將絞肉大略混合塑形就拿去燒烤的話，很快地就會崩壞、散開。但若經過充分的揉捏塑型後再進行燒烤，則可以均勻地固定並維持厚度。

絞肉大多使用牛或雞、豬等的小腿肉、腹部、肩部或大腿等較硬但帶有鮮味成分的部位，切碎後再絞製而成。由紅色的肌肉與白色的脂肪構成，這當中的肌肉會呈現被肌原纖維束縛住的狀態（請參閱第76頁）。但經過絞製後，肌纖維會被裁切成細碎狀態且變得柔嫩，可以容易塑造成各種形狀。與脂肪混合後口感則會變得更加軟嫩，口味也會更加醇厚。由於肌纖維變細小的關係，即使經過加熱也不大會再產生收縮，因而口感會比肉塊來得更加柔軟。

在揉捏絞肉時添加食鹽是一道重要的步驟。由於構成肌原纖維的肌動蛋白或肌球蛋白等蛋白質在加入少許食鹽後會充分溶於水中。這些蛋白質被釋出後，會使得肌原纖維變得鬆弛。在這樣的情況下，水分會進入鬆弛的組織當中，增加肉的黏性。

在產生黏度的絞肉中加入蛋或洋蔥、麵包粉，再添加香辛調味料，揉捏均勻。蛋會滲入肉的縫隙間並在燒烤時凝固，發揮連結的功能。加入麵包粉則是爲了能吸附肉汁。麵包粉在此擔任鎖住肉汁，並且讓漢堡排更加飽滿的角色。

將揉捏過的絞肉燒烤成圓餅狀，絞肉的蛋白質會凝固並形成立體網狀的構造（圖5—7）。而肉汁也會被鎖在這個網狀構造之中。但若過度揉捏的話，會使肉的纖維斷裂無法形成網狀構造，反而變成僵硬的漢堡排。

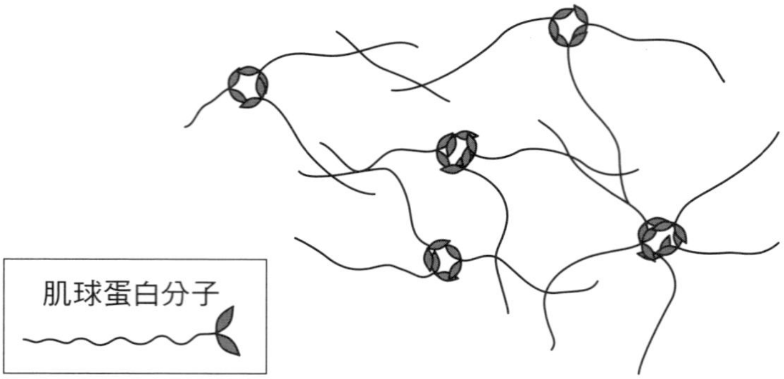

圖 5-7　被揉捏後的肌球蛋白分子會形成網狀構造

將揉捏好的絞肉做成圓球狀，再用手掌拍平並將絞肉團中的空氣擠壓出來。這是爲了防止漢堡排在燒烤過程中會碎裂的關係。漢堡肉團當中所含的空氣會在燒烤時受熱膨脹，並從肉的隙縫間鑽出來，造成漢堡肉碎裂。這也是爲什麼要拍打它，並且盡可能使空氣被擠壓出來的緣故。因爲熱膨脹會使空氣逃竄並且形成空隙或裂縫，只有避免表面殘留才能形成柔嫩的口感。另外，若絞肉團的中央有厚度的話，內部的空氣也會不容易逃竄出來，使得漢堡排容易膨脹破裂。因此在塑形之後，擠壓中央部位是爲了使熱氣流容易通過的關係。

在每一道烹調的步驟背後都具其意義存在，在進行調理過程中邊想像著揉捏絞肉的時候，碗裡究竟起了什麼樣的變化？如此一想，是不是使得烹調的過程變得更加有趣呢？

說到經過充分揉捏後所製作的食物，還有麵包。麵包就是將麵團揉捏後發酵，再經過烘烤所製作而成的食品。麵包的美味除了鬆軟充滿彈性的口感外，「揉捏」這道步驟也與美味度有很大的關聯哦！

麵粉添加食鹽水後充分揉捏就會產生彈性。再進一步放入流動水中揉捏的話，則會使澱粉流出，剩下黏黏的塊狀物。這個物體就是麵筋了（請參閱第52頁），即麩質的原料。麵粉中所含的蛋白質幾乎都是麥穀蛋白或麥膠蛋白。麥穀蛋白是具有彈性的蛋白質，而麥膠蛋白則是具黏性及延展性的蛋白質。這兩種蛋白質合而為一的話，就會形成具黏性與彈力的麵筋。

但是麵粉的種類會依麵筋形成的難易度有所區分。依蛋白質含量有高筋、中筋、低筋三種分類。蛋白質含量高的為高筋麵粉，含量大約是11.5～13％。蛋白質含量低的為低筋麵粉，含量大約在6.6～9.0％左右。介於它們中間的則為中筋麵粉。

由於高筋麵粉的蛋白質含量高容易產生麵筋，故選擇高筋麵粉來作為製作麵包的原料。高筋麵粉經過搓揉後，麵團會因為麵筋生成的關係變得有彈性。麵包的麵團在進行發酵後，透過酵母菌的運作會產生二氧化氮，同時使麵團延伸、膨脹。若少了彈性的話，麵團就不會伸展，而是會破裂，且不會膨脹了。經過烘烤後，麵筋會成爲麵包的骨架，內部會充滿空氣，進而形成香Q鬆軟的麵包。

另一方面，若使用高筋麵粉來製作餅乾或蛋糕的話，會使得它們的口感變硬，而且乾巴巴的，一點都不可口。因此會選用蛋白質含量低，較不容易產生麵筋的低筋麵粉，並輕柔地混合。柔軟的海綿蛋糕則是利用蛋液發泡後，膨脹而成的。

麵筋是形成烏龍麵等麵類的彈力因素。因此麵條會使用彈力適中的中筋麵粉來製作。但是義大利麵則是使用粗粒小麥粉來製作。粗粒小麥粉是以杜蘭小麥爲原料所磨製而成，顏色偏黃含有較高的蛋白質是它的特徵。

攪拌

將液體和氣體混合的動作，稱爲「攪拌」或「起泡」。將空氣打入奶油、將空氣充滿蛋黃或蛋白液中，是製作甜點不可或缺的一道步驟。

用於蛋糕或泡芙中，添加砂糖的生奶油，它的魅力來自於綿密滑潤的口感。生奶油入口後的甘甜味及濃郁感會在口中漫延開來。這份濃郁感來自於生奶油牛乳成分中的脂肪。當脂肪的形態變化後，就會形成發泡的狀態。

生奶油是將牛乳去除脂肪以外的成分後所製作而成的。鮮奶油的脂肪含量約35～50％，而生奶油當中的乳脂肪呈小顆粒脂肪球狀細密分布。由於脂肪球被蛋白質等所形成的薄膜所包覆，水和脂肪分離時不會浮出表面而得以分散。經過攪拌後，脂肪球膜受到破壞，當中的脂肪會流出，脂肪球則凝結在一起。再進一步打發起泡後，脂肪球與空氣會互相促擁，漸漸地連結、凝聚起來。當脂肪連結形成網狀並將空氣鎖入其中，就形成了型態穩定的奶油。而奶油發泡的原因正是來自於奶油當中的脂肪球會相互連結，將空氣閉鎖起來所形成（圖5－8）的關係。將軟綿綿的生奶油進一步攪拌後，再度破壞脂肪球並固化，就會形成黃色的奶油。

只有脂肪含量高的生奶油會發泡。一般的牛乳脂肪含量僅有生奶油的一成左右，所以是無法發泡的。另外，植物性的鮮奶油是因爲添加了起泡劑，才使得它容易發泡。

在蛋白液中加入砂糖並打發起泡的物質，稱爲蛋白霜。將蛋白霜烘焙後，就能做出酥脆的甜點，若再加入蛋糕或慕斯等麵團中，則會令口感更加綿密細緻。蛋白霜的原料蛋白具有大量水分及黏性。將蛋白攪拌後，會與空氣混合產生許多細緻泡沫。而

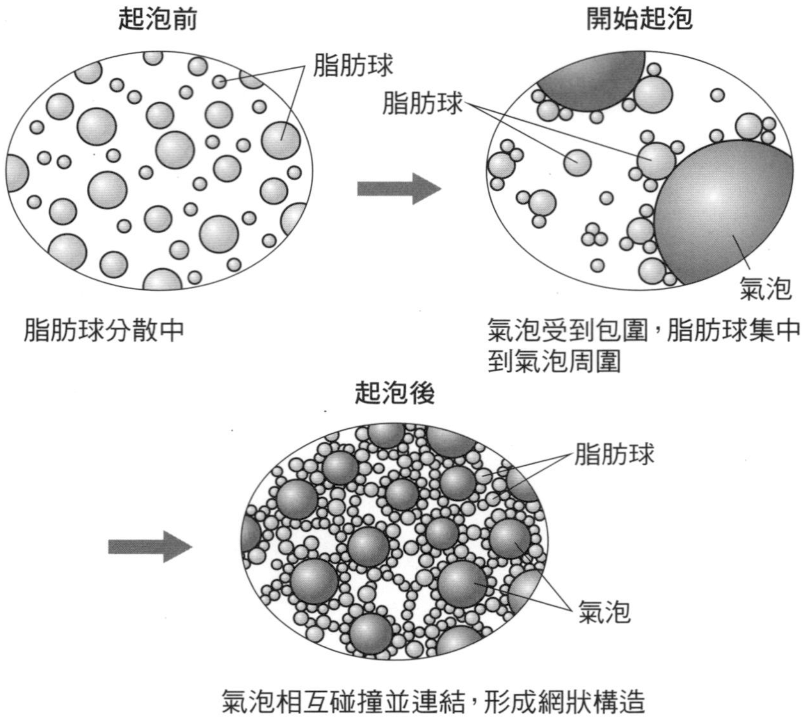

圖 5-8　生奶油的發泡狀況

表面張力大的水，不管如何攪拌都不會發泡，蛋白則因爲表面張力弱，加上含有蛋白質的關係，會產生發泡現象。當空氣進入蛋白後，會使周邊的蛋白質聚結產生薄膜並形成氣泡。由於這種蛋白質接觸到空氣後，分子形態會因轉變而固化，而形成的氣泡就會穩定地維持原本的型態。因此，充分打發起泡後，就會形成不易瓦解的蛋白霜。

海綿蛋糕的美味來自於蛋糕飽滿鬆軟的口感。海綿蛋糕是在蛋液中加入砂糖並充分打發後，再與麵團混合放入烤箱烘培製作而成。

利用麵團膨脹後所製作的食物種類繁多，它們的共同點就是利用氣體產生膨脹現象。而使用發粉等膨鬆劑的食物有甜甜圈或饅頭等。這是利用發粉主要成分的碳酸氫鈉透過水或熱會產生二氧化碳，使麵團膨脹的原理製作而成。麵包則是利用酵母菌的酒精成分發酵所產生的二氧化碳來使麵團膨脹。

海綿蛋糕不需要使用發粉或酵母菌，而是利用蛋的發泡性聚集空氣所產生的膨脹效果。蛋糕中許多的孔洞正是來自於蛋液膨脹時所產生的氣泡。烘烤蛋糕時，會因爲熱氣而膨脹，使得水分更進一步從麵團裡蒸發，並且讓氣泡中的壓力上升形成海綿狀態。

製作海綿蛋糕的蛋液打發方式有兩種，分爲蛋白與蛋黃各別打發及全蛋一起打發。

但要做出鬆軟的海綿蛋糕，會比較頃向使用分別打發的方式。先將蛋白確實打發再加入蛋黃，再打發成含有堅挺扎實氣泡的質地。氣泡顆粒愈大，做出的蛋糕也愈柔軟。

若要做出口感較爲綿密的海綿蛋糕的話，就會推薦使用全蛋一起打發的方式。由於蛋黃具有會聚結水及油脂的性質，故能使蛋的成分均勻分布至材料當中。一開始使用全蛋打發並不容易發泡，但會產生如奶油般細緻的氣泡，使海綿蛋糕膨脹後產生綿密濃郁的口感。

因爲熱氣所產生的氣泡也會因爲蛋糕冷卻後而萎縮。能發揮消除萎縮作用的就是麵粉了。麵粉當中所含的澱粉在加水並加熱後，就會吸收水分形成糊狀。接著會成爲氣泡的牆壁，支撐住氣泡避免其萎縮。但在加入麵粉時，若過度攪拌的話，反而會使氣泡破裂形成麵筋，使得膨鬆度變差。被高彈力的麵筋包圍的氣泡，難以受熱膨脹。因此製作海綿蛋糕時，會選用蛋白質含量低的低筋麵粉。

第 6 章

創造美味的技術

香味的調製

可口可樂引爆的食品香料進化

香味會與味道一起觸動知覺，產生美味的感受。而演繹出美味感的香精（食物香料），也隨著科學或技術的進步而進化。看起來透明的水，但喝起來卻有水果或蔬菜香味的香精調味水，或者是吃起來就像在吃烤肉時的香氣或感受到層次的零嘴點心等。因爲香精的發明，市面上陸陸續續地推出各種令人嘖嘖稱奇的食品。在這個章節裡，我們將以致力於關於食品香精研究、開發的高田香料的研究爲中心進行彙整。

散發出清甜果汁香氣的飲料或甘甜的燒菓子，都是零嘴的基本滋味。若是少了這些香氣，人們將無法盡情地享受它們的美味。

如同感冒鼻塞時，用餐完全食不知味，食物的香氣、味覺與口感都是構成美味知覺的重要因素。此外，香氣也是獲取食物情報的重要因素之一。例如食物散發出令人不舒服的怪味或是不喜歡的味道，都會成為我們是否決定進食的指標。

香精是指將食物送入口中後，我們所感受到的香味或口味。反過來說，顯示出這些效果的食物香料稱之爲香精。無論哪一種食物只要經過調理或加工、保存，香味就會產生變化或是變得淡薄。爲了彌補因爲劣化等原因所失去的香氣，就會添加香精。並且還可以掩蓋食材帶來的多餘的氣味，有時也能夠爲食品添加新的風味。

能夠突顯出食品美味的香精是從什麼時候開始使用的呢？在這個段落裡，就讓我們來複習一下香精的歷史吧！

在古時候，人們就懂得利用花或樹木的香味來做成食物香料或香水。十八世紀的歐洲，流行使用古龍水，它是使用植物或動物身上萃取的天然香料，也是相當費工的貴重物品。

到了十九世紀，隨著有機化學的發達得以取得香氣的成分，德國開始製作起合成香料。這種化合物所合成的香料，因爲便宜的關係能夠大量生產，轉眼間就推廣開來。

另外，人們也有在食品當中添加天然的香辛料或草香類來去除肉類腥臭味的習慣。因此，當合成香料推出後很快地就被用於食品當中。在十九世紀末葉，二十世紀初時，美國推出「可口可樂」這種清涼風味飲料且造成一股熱潮，使得香精躍升成一大產業。

日本則是在明治時代進入大正時代時，開始製造彈珠汽水或蘇打飲料、巧克力等食品，企業才開始使用香精。當初是使用進口產品，到香精企業正式全面發展已經是第二次世界大戰之後的事。１９８４年施行食品衛生法時，合成香料也被指定納入食品添加物。

之後，在１９５０年大量推出的10％果汁含量的飲料或果汁粉末，即使幾乎完全沒有使用到果汁，也能散發出清甜的柑橘香氣。對當時的人們來說，是項嶄新的食品。接著，從經濟快速成長期開始，食品商開發出即食食品或料理包等加工食物，爲了彌補風味劣化及調整口味，也開始使用調味香料。之後，隨著飲食生活的多樣化，香精的用途愈來愈廣泛，各式各樣的新製品也被開發出來。

調香師由數千香料中調合出香味

大多數的香精是爲了重現食物的香氣所製作出來的，目的在於激發人們品嚐食物的想像力以及突顯食物的美味。

香精的開發是由分析食物的香氣開始的。但是由於感知香氣的嗅覺架構尚未被充分解明，構成一種香味的香氣成分大多是聚集了數百到數千種類。因此要分析香氣成分相當的困難。而且還會因爲濃度的不同，感受度也會完全不同。即使同種類的香氣成分混合後，比例只要有一點的不同，就會讓人覺得是另一種香味。因此，使用到化學方式來分析香氣成分的種類或濃度，也無法檢測出所有的香氣成分，而且連僅判斷香氣相異的數值也都十分困難。利用人體感知進行的感官測試也是不可或缺的。

根據這些分析結果，調香師（flavor list）從數千種的香料成分當中，挑選出最符合食物味道的成分進行調配，並調合成香料。

刨冰使用的糖漿或口香糖使用的「草莓」「香蕉」等香精，讓許多人抱持著對水果的想像，但事實上當中完全不含水果成分。這些香精是在分析技術尚未進步的時期所開發出來的，而且是憑藉著大家對「紅色的草莓」或「黃色的香蕉」的印象所創作出的香料。

近年來由於分析技術的進步，得以進一步分析香氣成分的關係，開發出能更加接近實物的自然香氣，且能與口味融爲一體，創造出鮮美滋味的香精。能感受到肉的層次感的香精、產生碳酸爆裂滋味的香精等，許多劃時代的香精陸續誕生。

「第一口」「過喉感」「餘韻」的三階段變化

高田香料針對在人們進食的時候，所感受到的香味變化進行了分析。並運用這項分析結果開發出「過喉感香精」。而嘗試過這個香精的人，都感到十分訝異。添加了西瓜香精的液體入口後，原本以為只是單純有甜味的水而已，但猶如吃進西瓜般的滋味，卻在口中擴散開來。不僅有甘甜的味道，口中還殘留了吃西瓜時清爽及水潤的感覺，彷彿連清脆的口舌感都能感受得到，令人感到不可思議。若矇上眼睛飲用的話，一定會有人誤以為是在喝西瓜汁吧！

大家平時沒有留意到，食物所散發出的香氣帶給人們的感受，與實際食用時的感受其實是不一樣的。而過喉感香精就是巧妙地複製了這個部分。

之所以會開發出這個香精的動機是，無論如何分析食物的香味及製作香料，吃進嘴裡的味道就是和預想的味道有所出入。因此，才留意到我們對入口後食物香味的印象，其實和食物本身帶有的香氣是不一樣的。接著進一步發現到，在攝取食物或飲料時所感受到的香味分為三階段。也就是說，放入口中時的「第一口入口香」，吞嚥時

STEP 1　來自「第一口」的香氣

STEP 2　來自「過喉感」的香氣

STEP 3　餘韻的香氣

根據三步驟
開發出機器分析的技術

↓ 解明各個氣味的特徵

開發出新的香料

圖 6-1　飲用飲品時感知香味的三步驟
以飲料入口後到吞下去的三階段香味進行分析

的「過喉香氣」及食用後口中殘存的「餘香」這三個階段被認爲是我們對香味留下印象的重要過程（圖6—1）。但是在當時還沒有能夠解析的方法，等過了5～6年的時間才開發出這項技術。

「第一口的入口香」是指將食物放入口中時通過鼻子的最初香氣。雖然它只是淡薄的一絲味道，卻是對整個食物味道留下第一印象的重要香氣。「吞嚥的過喉香」是指在咕嚕咕嚕地吞嚥時，穿過鼻子的香氣。這些香氣是分析受測者在實際喝下飲品時，穿過鼻腔的香味成分。用來分析香氣揮發成分的儀器是氣相色譜儀。這是難以使用一般的機器來進行分析，而開發出來的特殊裝置。這部儀器能夠直接分析人們飲用飲料時，由鼻腔所散發出的香味成

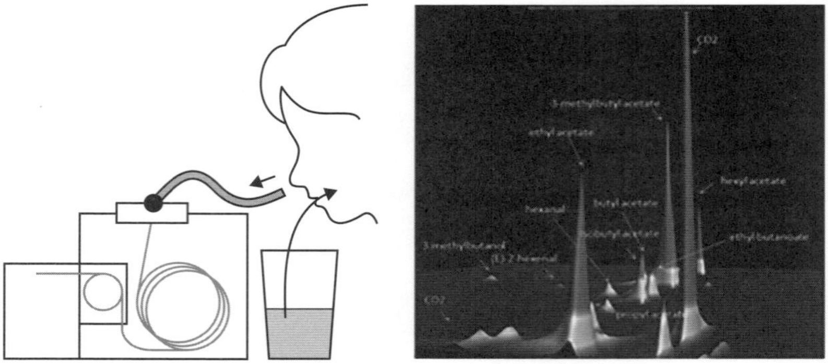

圖 6-2　**分析香氣成分**

從喝一口飲料時，通過鼻孔的香氣成分進行分析。
如同右邊的表格所示，複雜的香氣可透過 3D 方式測定。

分。爲了能夠精準分析出微量成分，必須要有一定的進食節奏，故受測者在事前需要累積一定的訓練經驗。

「香味的餘韻」是指分析飲食後口中的香氣成分能持續多久的揮發及延伸。運用使用行爲模式的獨特分析法，來測試吞嚥後的香味會有什麼樣的變化，可以確認容易在口中殘留的香味成分，並更進一步分析到奈米等級的成分，能夠分析出過去所無法檢測出的微量成分原來就是香氣的關鍵（圖6—2）。

透過這樣的分析結果，了解到食物本身帶有的香味與由喉嚨到鼻腔的「吞嚥過喉香」是不同的味道。而且，若是能呈現出這種「吞嚥過喉香」的話，就能產生出更接近實物的味道。

陸陸續續誕生的個人化香精

高田香料來到果園，對生長在樹上新鮮水果的香氣進行分析。例如爲了分析檸檬的香氣來到瀨戶內海地區，爲了分析芒果或桃子則來到沖繩的西表島。這項「植物醇」的調查也有調香師同行，並且在現場對水果進行嗅吸以及仔細地品嚐水果，並將對水果的印象深植內心。

按照調香師的詳細分析結果，自身的知識以及經驗，再加上關於公司現有的原物料，配合想法及Knowhow，綜合個人的感官知覺設計出新的香料。再應用前述的三步驟分析法，進一步提升香料的品質。由於法規明定許可使用的香精原料是固定的，因此無法使用所有分析過的成分。另外，即使按照分析來調配香料，也不一定會調製出我們所想像的味道。這是來自於調香師的經驗或技術。因此，透過植物醇測試在記憶所留下的印象，是能否製作出香精的重要程序。

透過這些分析所製成的「過喉感香精」，即使不使用果汁也能複製出水果從入口到呑嚥後的香味，甚至連水果在口中咀嚼時，產生的水潤感及齒頰香都能呈現出來。

高田香料除了蘋果或葡萄等水果之外，還開發出起司、奶油等調味料。另外還有燒洋芋的香精。更進一步製作出能與啤酒或紅酒等酒精飲料相同香氣的「微醺感香精」。這是爲了能使用於不含酒精，卻能帶給人們酒精感受的無酒精飲料等食品。

隨著科學技術的進步，香精的發展也日新月異，各大香精製造商祭出各種概念的香精。而香精的進化，也成爲支持著取悅消費者喜好的力量。

冷凍食品與抗凍蛋白

風味更佳的冷凍食品

方便又美味的冷凍食品的高保存度，要歸功於日益精良的冷凍技術。此外，在開發出更美味的冷凍食品上，稱爲抗凍蛋白的天然物質也扮演著關鍵的要角。

來到超市的冷凍食品販賣區，種類繁多令人目不暇給。冷凍食品泛指為了能長時間保存為目的，被放置於低溫負18℃以下冷凍的加工食品。販售著各式各樣的型態，從營業用到家庭用皆有，且產量不斷地增加中。冷凍食品分為將食材直接冷凍或料理包食品，而在日本生產數量雄霸一方的則是料理包食品。料理包是指食材經過蒸、烤、炸等達到料理最終階段的半成品或是能夠直接食用的成品。

最具人氣的有能夠當作便當配菜的可樂餅或漢堡排，還有烏龍麵或炒飯等。最近還推出了湯品與食材一體化的麵類、Q嫩的蛋包飯等過去完全無法想像，令人目不轉睛的菜色。

作為便當配菜、假日的午餐，冷凍食品在我們現在的飲食生活中是個不可或缺的角色。要能長時間保存食物的色味香及口感、營養成分等，必須維持在零下18℃微生物不易繁殖且不容易發生氧化等化學反應的環境之下。

據說阿拉斯加的原住民曾食用永凍土層之下的長毛猛獁象。因此人類似乎自遠古時期就開始懂得利用冷凍食品。十九世紀初的英國開發出最早的冷凍機器，在1877年與1878年時，法國人查爾斯．泰利爾（Charles Tellier）成功完成將肉品以冷凍方式輸送，並且正式開啓了冷凍保存之路。因此，他被稱為「冷凍之父」。

到了二十世紀，因爲第一次世界大戰的關係，食材輸送與保存的需求高漲，因而促使冷凍技術長足的進步。

而日本早在１８７４年就進口了製冰機，透過冰塊來進行魚類的低溫輸送。在１９０９年，中原孝太郎成功地製造出冷凍魚，之後葛原豬平以食品事業起家在北海道從事冷凍魚的製造。日本最早的市售冷凍食品是１９３１年於大阪的百貨公司所販售的「冷凍草莓」。到１９５５年才正式開始冷凍食品的生產製造，並且隨著技術的進步，附帶冷凍庫的冰箱也日益發展並普及化。

冷凍市場急速擴大的重要因素有，在１９６４年東京奧運的選手村使用了各式各樣的冷凍食品廣受好評的關係。也因爲這個契機，使得飯店或餐廳開始廣泛使用冷凍食品，到了２０１３年每一位日本人的年度消費量來到了21.7公斤，締造出過去最高的紀錄。

在冷凍食品技術尚未成熟之前，經常發生冷凍食品品質低落的情形，所以對某個年齡層的人而言，也許冷凍食品給予他們的是不美味的印象。而形成這種印象的原因在於冷凍食品中的水分。

早期的冷凍食品採用「緩慢凍結法」，使食物慢慢地凍結起來。食物中的水分在零下1℃起會開始凍結，但到零下5℃才會完全凍結。在這個溫度區稱爲最大冰結晶生成帶。緩緩地通過這個溫度帶時，冰結晶體會變大，並且傷害到食品組織。如此一來，在解凍時就會產生大量的水珠（水分），使得鮮味流失。並且還會造成口感的變化或外型的崩壞，造成食物的品質低落（圖6—3）。

於是，現今的冷凍食品工廠都採用低溫短時間的方式將食品凍結。這個方式稱爲「急速冷凍法」，指的是盡可能在最短時間內通過最大冰結晶生成帶，使冰結晶最小化，以防止食物組織受損。因此，現在也看不到類似使用緩慢冷凍法這樣的品質不良現象了。使用急速冷凍法的冷凍技術，還有利用冷風吹襲食物使之凍結的「氣冷式冷凍法」、將食物與冷卻過的金屬板直接接觸的「接觸式冷凍法」、將食品浸泡在冷媒中使其結凍的「食鹽浸漬法」及利用液體氮等液態瓦斯蒸發時所產生的超低汽化潛熱凍結食物的「液態瓦斯冷凍法」等。最近還開發出運用磁場的「CAS冷凍」及「質子冷凍」等劃時代的技術（圖6—3）。

冷凍食品品質低落的另一個原因是來自於在冷凍期間產生，被稱作「凍傷」的現象。被凍傷的冷凍食品會變得乾燥散落或變色。無論是多麼急速的凍結，冷凍食品都可能在搬運過程或保存過程中遇到溫度的變化，而溫度變高時冷凍食品中的水分就會

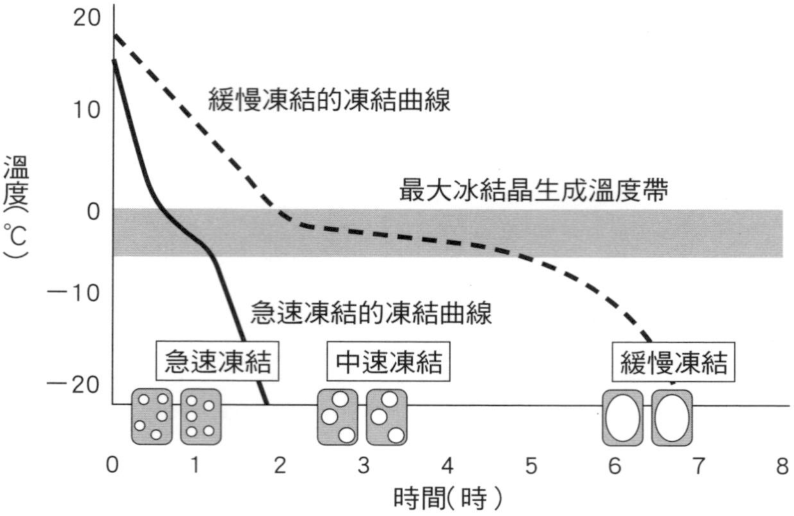

圖 6-3　凍結曲線

愈能將通過最大冰結晶生成溫度帶的時間縮短，冰結晶的生成就愈少，對食物帶來的損傷也會減少。

開始產生蒸發或融解現象。而溶解後的水分再凍結時的冰結晶會放大（再結晶），使得品質下滑。水分的蒸發過程是指由固體轉化成爲氣體，稱爲「昇華」的現象。你是否看過冷凍食品的袋子因水蒸氣而變白的現象呢？這是因爲遇到高溫時冷凍食品中的水分昇華，之後再回到低溫環境時，多餘的水蒸氣轉化成爲霜所發生的現象。

順帶一提，使用家庭用冷凍庫保存的食品品質容易變差的原因，是因爲使用的是緩慢降溫的緩慢凍結法的關係。加上經常開關冰箱門，使得溫度上升，進而讓冷凍食品在保存期間容易發生凍傷現象。

讓冷凍食品變得更加美味的抗凍蛋白

添加「抗凍蛋白質」或「抗凍多醣」來抑制組織內冰結晶的生成冷凍技術，是由關西大學的河原秀久教授所開發的。

抗凍蛋白質（Antifreeze protein）是在1969年時，於南極海域的魚類（南極魚亞目Notothenioidei）的血液中發現的。這種蛋白質在凍結時，會與在冰的內部所產生的冰的單晶體（冰芯）強力結合，並且阻止冰結晶的生成。雖然稱爲「抗凍」，但也並非眞的不會結凍，而是具有不容易凍結的機能。

南極海域的魚類因爲擁有這種蛋白質，故能保持血液或體液不容易被凍結，而且身體也能受到保護免於受凍。自此之後，發現到不僅止是魚類，只要是在寒冷地帶生長的軟體動物或植物、昆蟲或微生物等生物的體內，都擁有同樣機能的抗凍蛋白質。

而抗凍蛋白質爲什麼能夠阻止冰結晶體的生成呢？在此仔細看看被解析的架構。

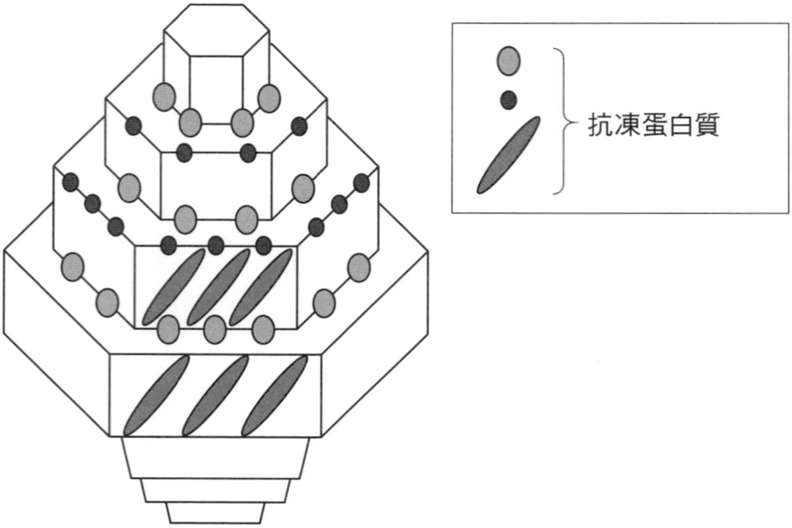

圖 6-4　防礙冰結晶生成的抗凍蛋白
抗凍蛋白質會在冰結晶成長的各個方向結合，並防止水分的結合。

冰結晶體呈現出六角型的立體構造（六角柱）。冰結晶會透過與周圍的水分子結合，並重複冰結晶的生成與冰結晶的融合而愈來愈大。由水溶液所生成的冰結晶呈圓盤狀或橢圓型並增大，這是由於生長速度依據六角冰柱冰面而有所差異。

抗凍蛋白質在冰結晶的表面結合並防止水分的結合（圖6—4）。接著冰結晶的形狀改變，即使稍微降低溫度，冰結晶的大小也幾乎不會有什麼改變。因此，在不改變溶解溫度的情況下，只能調降凍結的溫度。另外，由於零度到零下八度的溫度區間能夠抑制冰結晶

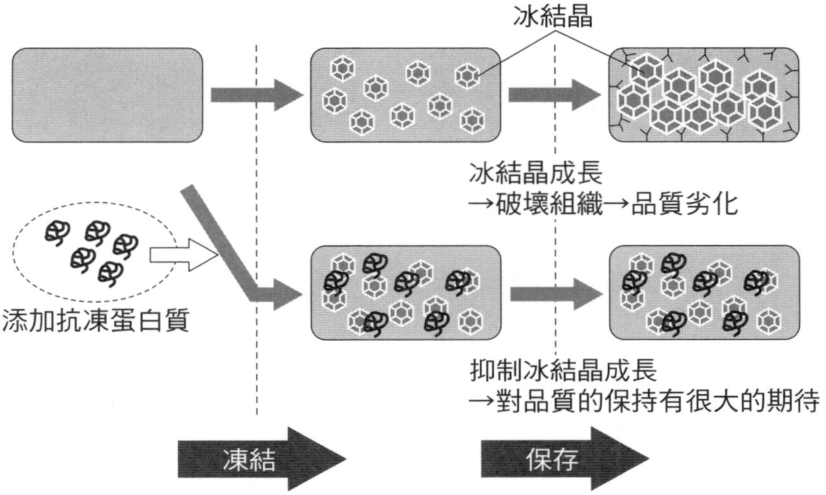

圖 6-5　抗凍蛋白質的冰結晶
由於抗凍蛋白會防礙冰結晶的生成，故能防止食品受損。

的生長，因此也能夠防止產生冰的再結晶現象（圖6—5）。

河原教授在寒冬中看到了白蘿蔔未受到凍結，發現到白蘿蔔的芽苗當中含有抗凍蛋白質。

若是使用抗凍蛋白的話，能夠阻止冷凍食品在保存時所發生的冰結晶生成現象，並且被認爲能夠阻止品質變差，只不過目前爲止還無法將使用南極魚類等的抗凍蛋白技術實用化。但是透過飲食經驗及日常生活中的白蘿蔔芽苗，就可以知道它能夠適用於食物，也有可能透過工業化穩定生產。

因此，KANEKA化學工業公

司開始與河原教授等人展開共同研究，成功地將白蘿蔔芽苗萃取物製品化。在進行食品加工時，添加入白蘿蔔芽苗萃取物後，除了冷凍時產生的冰結晶變得細微之外，也抑制了保存時再結晶的現象，以及能維持冷凍食品的品質。

進一步還發現到在金針菇當中的抗凍多醣體。表示目前爲止的研究指出，除了抗凍蛋白質之外，還有其他能抑止冰結晶成長的物質，如２００９年從阿拉斯加的甲蟲體內發現到木甘露聚醣脂質這種蛋白質以外的抗凍物質。這是由木糖和甘露聚醣的糖質與脂肪酸的結合，稱爲木甘露聚醣的物質。根據調查資料顯示，金針菇具有強大的抗凍能力，並且從中發現到木甘露聚醣，以及具有能抑止冰結晶成長的效果。接著，與河原教授共同的研究下，於２０１４年成功地將金針菇萃取物量產化。由於白蘿蔔芽苗會產生蛋白質變性作用的關係，較不耐熱，而金針菇萃取物屬於多醣類，具有耐熱、耐酸的特徵。需要高溫處理的炸雞或酸性的果凍、生奶油都開始使用抗凍多醣體。

白蘿蔔芽苗含有的抗凍蛋白質在２０１２年首先被大規模的麵類製造商採用，並正式開始販售。抗凍蛋白在保存冷凍烏龍麵及壽司的醋飯上，發揮了其強大的威力。而存在於金針菇中的木糖甘露聚糖也開始加入銷售的行列，將它的用途推廣至肉製品及洋菓子、和菓子等。例如使用在漢堡排時，能夠使肉汁閉鎖在漢堡排中。因此能夠製作出多汁、軟嫩口感的食品。使用在先前所述的裝飾蛋糕的奶油或海綿蛋糕時，能夠抑制冷凍保存時的水分昇華作用，由於能夠防止表面破裂或入口即化的口感劣化，故能夠保有冷凍前的美味。使用於冷凍和菓子的白玉麻糬、銅鑼燒、大福等，也能發揮其維持柔軟、Q 彈口感的功能。

經由這類冷凍技術的進步，產生了各式各樣的冷凍食品，據說現在還無法冷凍的就只有生雞蛋和生鮮蔬菜了。冷凍食品可以說是將美味閉鎖住的食物。在菜價便宜的時期，可以將食材或食物冷凍保存，對於像耶誕蛋糕這樣短期消費激增的食品，可以提前製作並保存上來說，是十分有益的技術，隨著冷凍技術的進步，其用途就更加寬廣。由於賞味期限也能夠透過冷凍延長的關係，能夠減少目前浪費食品的問題。而對於現在全球流行的和食熱潮上，也能夠透過冷凍方式，將食物的美味原封不動地保存並運輸至各地，期待能夠在推廣日本飲食文化上發揮更大的助益。

測量美味

評價美味的程度

即使吃著相同的食物，感受度卻會因爲不同的人而有所差異。因此要評鑑美味的程度十分困難，目前爲止都是依賴人的感知方法。但近年來，開發出味覺感應器後就能夠較客觀地進行評價。味覺感應器不僅爲商品開發帶來嶄新的革命，也爲美味度帶來了新的見解。

構成美味度的要因，除了食物本身的味道與香氣，還有食用者的生理及心理因素，以及加上前面所提過的飲食環境等各種十分複雜的因素。因此，對於食品美味與否的評鑑相當困難。食品製造業者等廠商必須利用各種方式來分析食物，以獲取客觀評論，再加上與食用者感受的主觀評論進行交叉比對。

食物的性質大致上分爲「化學性質」與「物理性質」兩大類。化學性質是指能夠使用由食物當中萃取出的味道或香氣成分進行分析的性質。例如，食物當中的含水量與食品的保存度或品質有很大的關聯性。於是，調查味道或香氣等與美味度相關的成分，就會連結到評鑑食物美味度。

另一方面，物理性質是指硬度或彈性等力學相關，再加上大小尺寸及溫度等的性質。物理性質在進食時會從口感來感知，這也是一項構成美味的重要條件。但是物理成分無法以萃取方式來獲得，故分析及評鑑會變得困難。於是人們開發出各種分析儀器及設計不同的測定方法。

人是透過感官測試來進行評鑑。感官測試是指利用人的感覺來對食物的品質或美味度進行評定的方式。感官測試相較於化學分析來得簡單迅速，但結果卻會因人而異，即使是同一個人，也很難維持平均的評論。另外，也還有難以數據化的問題。因此，經過扎實訓練的專業測試員會使用適切的方式以及環境下進行評估。將獲取到的資料進行統計處理，並得到結果。

另外，也有將希望能受評的食品盡可能讓更多人嘗試，獲得大家對這項食品的口感及喜好等評價的情況。食品製造業者會為了進行新產品開發或產品改良，不斷地反覆進行這些測試。

近年來，伴隨高齡少子化及單身人口的增加等社會結構的改變，食品市場也不斷地擴大。外食及方便熟食的利用率提升，飲食朝向簡便化及外部化前進。食品業者因此必須開發出迎合每個家庭或地區喜好的產品。例如，便利商店中販賣的關東煮會依地區不同調整口味、湯頭及食材。

健康意識伴隨著高齡化直線上升。減鹽食品或低糖食品相繼問世、專門針對高齡人士設計的照護食品等等的市場也不斷擴大。這些食品不僅著重於健康或營養的攝取，美味度也是十分重要的一環。

食品製造業者必須生產出多樣化的商品，來滿足這些消費者的需求。然而，無論擁有多麼優秀感官的專業測試人員也無法應付所有不同口味的喜好。不光是使用感官測試，也需要能夠量測出味道並客觀地獲取美味指標的方式。爲了能實現將味道指標化，Insent株式會社（Intelligent Sensor Technology. Inc.）與九洲大學研究所主任教授都甲潔耗費了二十五年的時間，共同研發出味覺感測儀。目前共有四百台以上機器由研究機關或食品製造商使用中。味覺感測儀是一台能夠將食品中味道的強弱數據化並分析味覺的儀器。

OISI! 實現量測味道的可能性

味覺是指感覺到食物當中含有的味道物質，進而引起的感受。由於是個相當複雜的感覺，且每個人的感受度有極大的差異，被認為難以產生客觀的評價結果。目前為止採用化學分析法進行評鑑，會因為味物質的數據非常龐大而無法執行綜合分析。另外，也無法分析如咖啡的苦味因添加牛奶或砂糖後弱化的味覺交互作用。而味覺感測儀能夠重現這些味覺的架構並進行分析。

在本章節會說明味覺的架構組織（請參閱第16～19頁）。食物當中含有讓我們感覺味道的味物質成分。味覺是經由這些味物質的化學刺激感知到甜、鹹、酸、苦、鮮這五種味道。被唾液溶解的味物質進入舌頭上的味蕾與味覺細胞連結。接著味覺受容體的電位產生變化，轉換為訊號傳遞到腦部。電位的變化或訊號傳達的方式會因味道種類有所差異。

味覺感測儀可以模擬人體的生物膜製作出人工脂肪膜，並貼上電極貼片。將感測儀浸入味溶液後，從人工膜起的電位變化量來感應味覺。也可以說是使用「人造舌

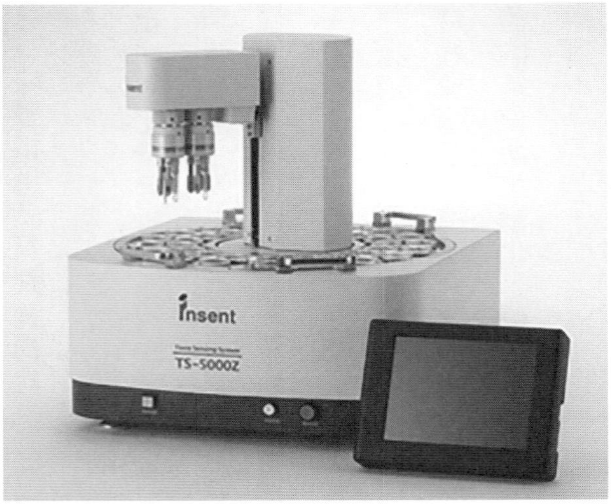

圖 6-6　試味覺的儀器
（PI90-I91，相片提供：Intelligent Sensor Technology. Inc.）

頭」，來進行人工膜與味物質間的交互作用。

但是味覺物質有成千上萬的種類。儀器無法針對每項物質一一分析回應。因此製作出能夠回應類似味覺的六種感測儀（鹹、酸、甜、苦、澀、鮮）。這些儀器會因爲味物質的交互作用，產生人工膜電位的增減。將這些變化輸出後再使用電腦做進一步檢測（圖6－6）。如同前面所述，味物質的感知方式（閾值）會因味道種類有所差異，而人們對酸味及苦味特別敏感。也就是說，即使是低濃度的酸味或苦味也能感知得到。而鹹味或甜味、鮮味則需要高濃度才能感應得到。此外，苦味物質的

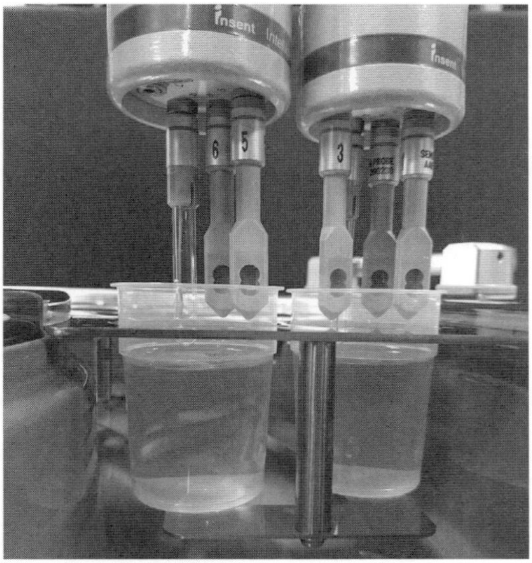

圖 6-7　**味覺感測儀的感應器部分**

疏水性強、酸味或鹹味則具有良好親水性，也是味覺特徵之一。都甲教授等人留意到將這些特徵組合後，可以進行味覺的分類，並且透過配合分類過的特徵，調整人工脂肪膜的性質，得以改變味物質的黏性。

而後更進一步開發出的感測儀能夠檢測出「前味」與「後味」兩種情報。前味是指食用時所感受到的味道，而後味則相當於食物吞嚥後口中殘留的味道。

首先將感應器浸泡在試驗溶液中測試電位的變化，測出酸味、鮮味、苦味、雜味、鹹味這些前味。

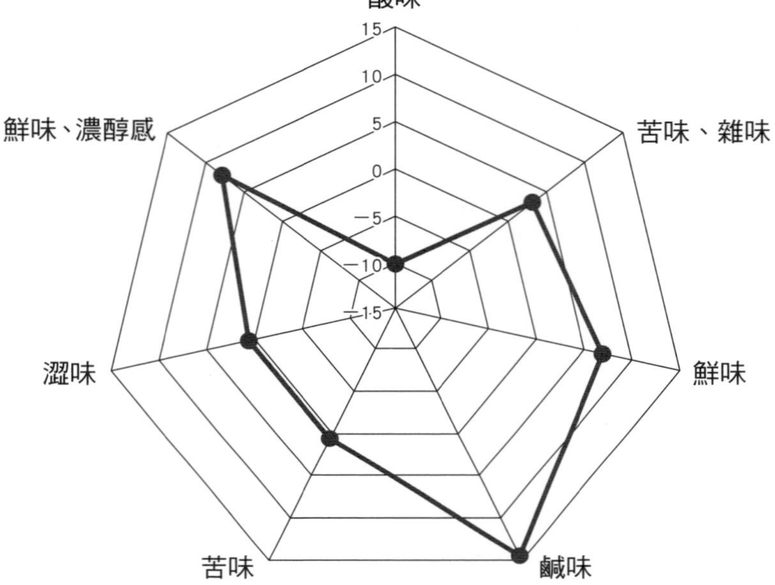

圖 6-8　由味覺感測儀所測得的醬油資訊

前味有酸味、苦味、雜味、鮮味、鹹味。後味則為鮮味、濃醇感、澀味、苦味。透過測量後味，得到了味道性質不同的評價。例如，若能減少後味當中的苦味感會更清爽。

接著將感應器洗淨後再浸泡與人類唾液近似的基準液中，進行電位的測定來檢測後味。若味道仍附著於感應器上，則電位會產生變化。透過這種測試所得到的兩種資訊得以對複雜的味道進行評價。我們經常用「濃醇感」或「清爽不膩」來形容對味道的感覺。但這些味道究竟是什麼樣的滋味並沒有科學的定義。濃醇感是指口中持續的甘鮮氣味，而清爽不膩則是指味道快速消散的感覺。例如，啤酒會因爲後味的苦味愈少愈讓人感到清爽。

而味覺感測儀也能夠測出味道的交互作用。例如，添加牛奶會使咖啡的苦味變弱，是因爲牛奶能夠吸付附著於黏膜表面的苦味物質的關係，而這個現象也能由味覺感測儀演繹出來。此外，我們還發現了幾種能夠去除苦味的機制。

透過這些方式所得到的數據圖表化，能夠呈現出食品味道的特徵（圖6－8）。這個結果也會被運用於食品的開發中。

運用味覺感測儀設計味道

過去，食品業者依照人的評價來決定口味，開發產品，十分耗費時間及成本。雖然感官測試是必要的作業流程，但只要運用味覺感測儀將目標口味數據化，並且依照這個目標數據進行開發的話，將能大幅削減時間和成本。

低敏蛋糕或糖尿病患者使用的低糖代糖，可以不使用原先使用的麵粉或砂糖等食材，就能做出與一般食品相同的口味。只是這些特殊商品所使用的材料和一般品的材料完全不同，要運用過去的製造經驗或直覺來開發的話，相當困難。於是只能透過味覺感測儀來進行特殊品與一般食品的比對，並一邊進行試作。

咖啡的開發也使用了味覺感測儀。首先請專家或負責開發的人員決定咖啡的口味，再利用味覺感測儀來測量味道。另外，在咖啡豆的種類及烘焙的狀況有變化時，也能夠測定出咖啡的味道，並將它收進資料庫中。這個測試不限於同樣的咖啡豆，因爲即使改變咖啡豆的種類，只要擁有數據資料，也能夠依照數據資料將它調整成相同的味道。

味覺感測儀的測定值與商品的營業額或消費者情報一起進行解析的時候，就會依據喜好、年齡或地區的差異顯示資料。例如透過資料可以了解到一般口味的咖啡，熟齡層的客人較偏愛酸味重的類型，而年輕族群則偏愛苦味較重的種類。業者進而推測出，年輕族群習慣代表星巴克的苦味咖啡，而另一方面熟齡層則享受一般咖啡廳的酸味咖啡。若是以麵的湯汁來說，關東地區較喜愛濃醇度強烈的口味，而經常食用讚岐烏龍麵的地區，則喜歡鮮味度高的口味。透過這些結果，顯示出口味的喜好會因年齡及地區有所差異，個人口味的喜好並不見得都會被採納。

只要透過這些方式來使用味覺感測儀，就可以縮小消費者的多種需求，並設定目標來設計出符合需求的口味。而在工業產品的開發中，模擬試驗品是理所當然的作業流程，但是在食品開發上卻尚未執行。但若有了味覺感測儀，也許就能開啓模擬試驗品的可能性。

如果能客觀地顯示出味道，對於我們在購買食品時也很有幫助。在某紅酒的購物網站上，同時列出由味覺感測器測量出的分析圖表與侍酒師的評論。只要透過圖表的比較，紅酒口味的差異即可一目了然。想要找到自己喜歡的紅酒，只需找到與自己喜愛的品牌相近的圖表，若想要品嚐不同的口味時，則只需選擇圖形不同的商品。

另外，還有島根縣名產的型錄上也刊載了味覺感測儀測出的數據資料，來介紹產品的特色。有了客觀的數據資料，就能夠更有效率地宣傳產品的特點或口味。

從味覺感測儀的檢測可以獲得食物組合的新見解。經常有人說「肉與紅酒是絕妙組合」。這是因爲紅酒的澀味有能夠沖刷出肉的鮮味的效果，因此能夠讓食用者持續品嚐出肉的鮮美滋味。另外，還有發現到日本清酒比白酒更能夠延續起司鮮味的餘韻，讓我們了解到日本清酒與起司也是極佳的組合。根據酒類綜合研究所的數據資料顯示，比起白酒，日本清酒與墨魚更加速配。

廣島食品工業技術中心還活用此項技術，開發出能與當地名產「什錦燒」「壽喜燒」「烤牡蠣」「紅葉饅頭」等搭配的日本清酒。

像這樣使用味覺感測儀的檢測來驗證食物的搭配組合，就能夠檢測出適合搭配的食物組合模式。也就是先將食物的口味進行分類，再測試看看是相同模式的搭配組合或者是互補模式的搭配組合會比較合適。試了之後，意外地發現到鹽漬鮭魚竟然與酸味強烈的咖啡是絕妙的搭配。

味覺物質的種類繁多，依照食用方法也有各式各樣的組合方式，所以必須經過高精密度的測試或改良才行。不過能夠將複雜的滋味進行客觀的分析和評價，也是相當大的進步。它的成果不僅能應用在食品的開發，也有助於對味覺的理解。近年來以生理學的角度來闡明味覺的技術不斷地演進，味覺感測儀必定能與這項知識結合並更進一步地發展。

包覆美味的技術

塑膠保鮮膜技術的進步

無論是生鮮食品或熟食等食物都具有容易敗壞的問題。但是無論何時都能吃到美味的食品，包裝技術的進步功不可沒。另外，不只是日本國內，能夠維持原有品質將世界各地的食物運輸進來，也是拜包裝所賜。在這一個章節裡，我們將介紹日新月異的包裝技術與食物美味度之間有著什麼樣的關聯性。

超市或便利商店當中所陳列的食物，都是使用袋子或餐盒包裝販售。看起來似乎很浪費的包裝，其實發揮著能防止食物劣化，讓人享用美味的威力。

食物在保存期間品質會不斷地劣化、例如，因爲細菌或黴菌的混入或增殖使得食物腐壞。光線或氧化也會令食物成分發生化學變化降低原有的風味。另外，在溼度高的日本，也經常發生因爲空氣中的水分使食物受潮的狀況。包裝除了保護食物品質避免因爲這些原因劣化，也在食品的運輸上擔任了重要的角色。

在古時候人們是使用木葉或竹筒來包裝食物。而到了十九世紀時，發明了瓶裝或罐頭包裝，食品包裝的技術開始發達起來。因爲食物容易腐壞的關係，人們運用巧思利用鹽漬或風乾等方式進行加工保存。法國的料理師傅尼古拉·阿佩爾（Nicolas Appert）在1804年發明了能夠能長時間保存，並使食物的口感或口味不受到損壞的保存方法。這項發明與法國革命的拿破崙有關。拿破崙徵求能保存士兵存糧的方法，而獲選的尼古拉是利用將食物裝進瓶內，用軟木塞封存後再進行加熱殺菌的方法，簡而言之，就是發明了氣密瓶裝法。在1810年英國的彼得·杜蘭（Peter Durand）使用相同的方法取得了專利，而繼承這項專利的布萊恩·唐金（Bryan Donkin）則是發明了錫製的容器。在日本方面，於1871年由松田雅典製作的出油漬沙丁魚罐頭則被認爲是第一個商業罐頭。

咖哩或漢堡排等調理包食品，只要浸泡熱水就能輕鬆快速地享用，對忙碌的現代人而言，可說是個法寶。但其實它與罐頭或眞空瓶的保存技術原理相同，都是將食品密封在容器當中，並且使用壓力鍋的原理來進行加熱殺菌。由於被封裝於眞空殺菌袋的袋子，故也被稱爲眞空包裝食品或即食料理包食品。不只能長期保存，這種包裝在運輸或貯藏時不占空間，十分便利。

即食料理包是美國在1985年爲了取代罐頭所開發出，並作爲軍隊糧食使用的產品。到了1968年才被當作一般民主食品的商品普及化。最初是日本大塚化學製作的咖哩調理包，到了1970年是米飯料理包，1972年則是漢堡排料理。

即食料理包的誕生是起源於開發提高耐熱性的複合膠膜。即使不使用耐熱的瓶子或罐子也能使用塑膠製保存袋進行食品的高溫殺菌，並能像瓶或罐一般的保存食品。

食品包裝用的塑膠，是指使用聚乙烯和戊二烯、聚氯乙烯等性質不同的膠膜貼合而成的物質。將它做成複合膠膜，能讓每一種塑膠同時發揮功能，功能性比起單一的塑料提升許多。也因爲這種食品用包裝膠膜的登場，使得食品包裝的技術又往前躍進了一大步。

眞空包裝袋所使用的耐熱性塑膠膜，是在1970年中期被開發出來，具有防止水蒸氣或氧氣等氣體滲透功能的氣體防滲膠膜，且被使用於洋芋片的包裝袋。從此之後，比起物品的包裝、運送，防止食物劣化及維持品質爲目的的技術更加蓬勃發展了。

使用5種保鮮膠膜，無論何時都能保持酥脆

洋芋片的美味，在於它香脆薄脆的口感，但卻會因爲溼氣立刻失去這種口感。由於它是油炸品的關係，油分容易氧化，一旦氧化不僅是氣味和口味，連顏色都會起變化。洋芋片雖然是隨手可得的食品，但卻是風味極易劣化的纖細食物。雖然如此，但爲什麼買來的洋芋片品質總是保存的如此完好呢？而且即使是粗魯地對待它，也不容易碎裂成粉末。

這是因爲洋芋片的包裝袋對於避免食物遭受來自引起敗壞的溼氣（水蒸氣）或氧化、還有光線等攻擊，有優秀的防護作用。外觀看起來像是鋁製品，但卻是由五種性質相異的塑膠材質貼合而成（圖6－9）。

塑膠的材質有許多種類，也有各自的優、缺點。但相互貼合後卻能強化其優點。膠膜依用途區分爲外層用、內裝用、中間層。在產品外側印刷上商品名稱等資訊的爲外層基底膠膜，內層爲作成袋狀且容易受熱的密封膜，而夾在基底膠膜和內層密封膜

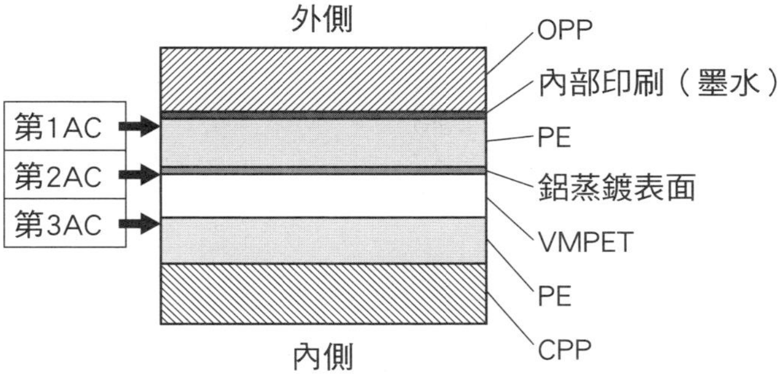

OPP、 CPP：聚丙烯纖維 PE：聚乙烯
VMPET：鋁受到蒸鍍後的PET膠膜
AC：基底膠漿（為提高膠膜黏著性的一種塗料）

圖 6-9　洋芋片所使用的五層膠膜袋

中間層的則使用能保護內部物品不受溼氣或氧氣侵襲的阻隔膜。

阻隔膜層是使用溼氣或氧氣不容易入侵、能夠阻擋光線的鋁蒸鍍膠膜。鋁蒸鍍膠膜是指在塑膠表面鍍上一層鋁膜，用來阻斷光線的一項全新技術。接著又陸續開發出能吸收氧氣的材料，提升了防止氧氣滲透的機能。只要將這些高機能的膠膜組合在一起，就能使得膠膜包裝朝向高阻隔的方向前進。塑膠密封膜如同盔甲般，守護著食品使它們不易變質。

不過，即使再怎麼防止氧氣滲透，只要包裝內還殘留一絲氧氣，內容物就有可能會產生氧化。因此在封裝內容物時，需要將容器內的空氣逼出並替換爲氮氣。這種包裝方式稱爲「氣調包裝」。氮氣是一種在空氣當中的氣體，含有率大約78％（體積比）。無色、無味、無臭，且幾乎沒有反應的非活性氣體，自然對食品或健康不會有任何的影響。

在店內陳列的洋芋片，包裝看起來胖嘟嘟的模樣，就是使用了置換氣體包裝的關係。而氮氣也成爲緩衝材，防止容易碎裂的洋芋片受到破壞的重要物質。這項包裝技術不只用於洋芋片，也用於其他不同的零嘴點心。

1930年歐美開始研究使用二氧化碳來保存生肉，到了1960年代開始利用置換氣體包裝法來包裝生鮮鮭魚或比目魚等燻製品。日本最早使用氮氣置換包裝是爲了維持品質，並用於嬰幼兒的奶粉罐。接著，乳製品或肉類加工品、鰹節等食物也開始使用塑膠袋及置換氣體包裝。例如在打開鰹節或咖啡的包裝袋時所散發出的香氣、日本茶所保有的鮮綠色也是置換氣體包裝的功勞。如此一來，鰹節、日本茶或咖啡或堅果類的零嘴，爲了防止氧化或變色並保持香氣，就會使用氮氣來保存。而二氧化碳擁有能夠防止微生物繁殖及防蟲的效果，則被用來作爲防止生鮮肉品、洋菓子、豆類、穀類等發霉或腐敗。啤酒會因爲成分氧化使得風味下降，在封罐時也會使用防止氧化的二氧化碳或氮氣置換法。

運用滲透性原理來保存會呼吸的蔬菜、水果

平時能夠吃到新鮮蔬果，也要感謝食品包裝用膠膜的功勞。但並不是使用洋芋片的高密封性包裝材質，而是使用氣體能夠穿透的保鮮膠膜。托這種膠膜的福，讓蔬果的保鮮期間大幅地延長了。

蔬果的新鮮度會下降，是由於被採收後仍繼續呼吸的緣故。而在呼吸的時候，水分會蒸發流失，而且蔬果還在繼續成長的關係，葉子會變黃、果實也會變軟，最後腐壞掉。

蔬菜水果需要低溫保存，就是爲了抑制這些生理作用的關係。接著，又進一步發現，蔬果在低氧、高二氧化碳的條件下能夠抑止呼吸並維持品質。

只是依照蔬果種類的不同，最適切的氣體條件也不一樣，而要能維持貯藏室的氣

體濃度也是件不容易的事。而能輕鬆實現這些氣體條件的就是保鮮膠膜了。

聚乙烯和聚苯乙烯具有穿透性，這項性質恰巧為保鮮膠膜所用。被包裝在內部的空氣會因蔬菜或水果的呼吸作用，使空氣減少並增加二氧化碳，只不過膠膜具有透氣性的關係，並不會無限制地增加。膠膜依其種類或厚度、有無孔洞等透氣性有所差異，選擇合適的保鮮膜能夠透過控制外來的氧氣量與呼吸來控制二氧化碳的含量，以達到保鮮的目的。這種包裝被稱為「MA（modified atmosphere）包裝」或「MA貯存」。

製造商配合蔬菜或水果的種類，開發出各式各樣的保鮮膜。例如有毛豆專用袋。市面上推出的毛豆大多是冷凍食品，在夏天，能夠將當季生鮮毛豆煮熟，享受它獨特的香甜甘美滋味。但是毛豆的鮮度很容易下滑，時間久了之後還會產生黑點，口味也會變差。因此大多會提早採收並出貨，只不過仍然會因為運送流通過程中，發生品質劣化的狀況，所以有不少毛豆會遭到丟棄。現在只要將毛豆放入這種能保鮮的袋子中，並經過冷卻就得以保持新鮮，而且也有可以直接連同包裝一起放入微波爐加熱的袋子，讓我們能夠輕鬆地享受新鮮毛豆的美味。透過這種保鮮袋能夠適度控管溫度的技術，使切好的蔬菜或水果不易變色，並能夠長時間保持新鮮度。

這裡所列舉的例子只是一小部分，包裝技術以各種型態支援著大家的飲食生活。最近也陸續開發出能夠密封又容易拆封，不容易附著於食物等簡便度提升並考慮到環保的材質。拜技術不斷地翻新所賜，使得食物的美味度又能更上一層。

第 7 章

感知美味的大腦和味覺細胞的構造

感知到美味時，大腦的感統協調運作

到目前為止都是從食物面來論述美味的程度。而美味度不僅止於食物本身，也與食用的人及食用當下的情況相關，是個相當複雜的感覺。為什麼會這麼複雜呢？在本章節裡，將探討人們是如何感受美味以及美味的架構。

「美味度」是指在攝取食物時，腦部被觸發的感受。當感覺到好吃的時候，就會繼續進食，並且能夠維持生命。訊息會傳遞到腦部的各個部位，產生出美味的感受。除了從末稍組織到大腦的體內訊息，也會將來自內臟的感覺、味覺、嗅覺所得到的食物資訊進行整合，再進行處理。

大腦大致上分為大腦皮質、邊緣系統、小腦、腦幹，共計四個部位。每個部位各司其職，處理著龐大的資訊。與美味度感知相關的部分，被稱為思考的腦，位於大腦外側所包覆的「大腦皮質」，與稱為本能「情動」的腦，位於大腦中央深處的「邊緣系統」。

大腦皮質當中有接受感覺資訊的感覺區，依功能的不同分為視覺區或聽覺區、味

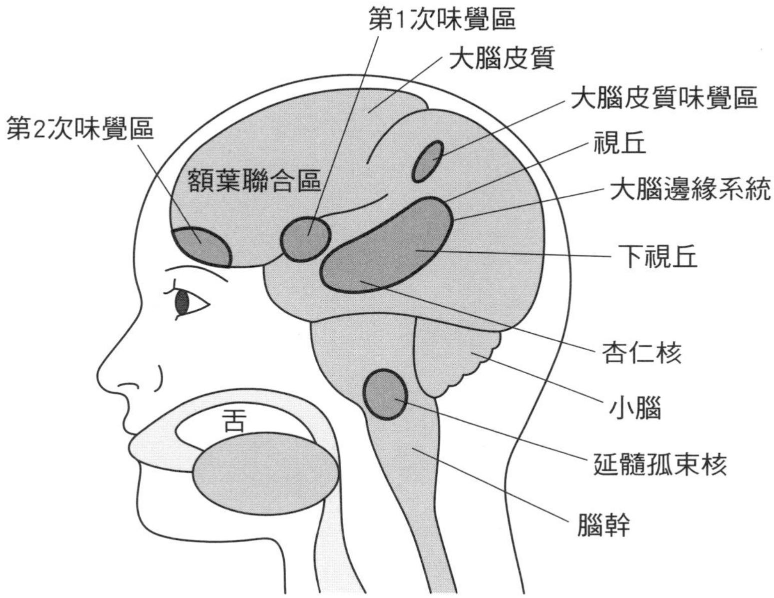

圖 7-1　執行美味情報處理的腦部區域

覺區等不同區域。直接接收訊息的味覺區，稱作第1次味覺區，在它附近還有第2次、第3次味覺區，被認爲是在進行感覺統合的區域。

在大腦邊緣系統中，分爲扣帶回、海馬回、杏仁體、下視丘等複數的區塊。海馬回掌管記憶，杏仁體管理情動，而下視丘則負責控制食慾或睡眠相關。

當人們吃進食物，腦部就會開始運作，將獲取到的資訊傳遞至大腦的各個區塊。味覺的資訊經由舌頭等味覺神經，首先會傳送至延髓孤束核。從該處通過視丘傳遞到第1次味覺區（大腦皮質味覺區），判斷味道的質地與強弱。再進一步傳送到第2次味覺區（大腦皮質額葉聯合區）（圖7—1）。

味道之外的顏色或形狀等外觀、香氣或溫度、口感咬勁等來自於食物情報的視覺或聽覺，由個別的受容體感知再傳遞到大腦的各個感覺區域。接著再將這些資訊傳送到大腦皮質聯合區。

第2次味覺感覺區，除了味覺情報之外，也整合了視覺、聽覺等情報，並且在辨識食物的同時，判斷對這個食物的喜惡。依據來自味覺等五感的資訊與內臟感受到的資訊進一步傳達到杏仁核。在此，大腦邊緣系統或大腦皮質聯合區共同合作相互照會過去的記憶和情報，進而判斷進食與否（愉悅與不快）。由杏仁核接收的資訊進一步傳送到下視丘。當判斷為繼續進食時，下視丘的攝食中樞就會受到刺激繼續進食，相反的話，則會停止進食。

當吃到喜愛的食物或可口的食物時，大腦內有一個叫做報酬迴路的神經迴路（後述）就會開始活躍，感到愉快並讓人想吃得更多。透過像這樣陸續將資訊傳送到大腦內部各領域進行的感覺統合活動，會使得人們在感受到美味的同時，決定飲食的行動。

空腹是最佳的調味料

所有的情報都會被傳送到大腦，爲了決定飲食行動，而擔任資訊處理的系統有恆常性（體內平衡）與腦內報酬迴路。恆常性是指生物體維持在一定程度狀態的生命現象。像體溫或血壓、血糖值等，即使有些許的變化，但一定會保持在一定的範圍裡，這就是所謂恆常性的作用。體重能維持在一定的區間也是因爲恆常性的關係。體重是攝取熱量及消耗熱量間的平衡調節情報。若能維持體重，就能夠保持熱量的均衡。生物是依靠體內平衡來維持生命。

爲了要維持生命，將體重保持在一定區間就必須要攝取熱量來源的營養素。而掌控這部分的是位於間腦的下視丘。它是間腦當中的一部分，位於視丘的下側與腦下垂體連結的部分。中樞神經的自律神經擁有掌控體溫或物質代謝的調節、睡眠、生殖等維持生命的重要機制。在這裡還有攝食中樞及滿腹中樞，掌管了食慾及胃口。

荷爾蒙等會將體內的營養狀態傳遞至大腦，若感到營養不足時，腦內的攝食中樞就會運作產生空腹感。我們無法實際感受到營養素的狀態，但大腦卻能夠清楚的感知透過「差不多到了該補給營養的時間囉！」這種空腹感來通知我們。接著我們就會開始進行「來吃點什麼吧！」的行動。

成爲熱量來源的醣分的甜味或構成蛋白質的胺基酸所帶有的鮮味等，身體必須的味道可以透過本能感知到美味度。根據最近的研究報告指出，促進食慾的荷爾蒙對甜味或香氣的感受度十分高。總而言之，在空腹時是最能夠感受到美味的時機。這就是爲什麼有人說空腹是最好的調味料。

當我們出現空腹感時，味道和顏色等食物的資訊會更加刺激食慾。這是因爲腦部會回想起過去的飲食經驗及進食快感的記憶。感覺到眼前的食物看起來似乎很好吃的樣子，我要不要吃呢？吃什麼好呢？這些都會成爲相當重要的線索。接著，將食物送入口中的時候，食物的資訊會被體內的訊息進行整合，進而感受到美味。感覺到可口成爲驅使繼續進食的訊號，並刺激攝食中樞。

研究中發現美味度會使腦中釋放出的神經傳導物質運作。神經傳導物質是神經元軸索末梢所分泌，能引起神經細胞或肌肉細胞亢奮或壓抑作用的化學物質。其中一種是腦內麻藥類物質（多巴胺物質），會令交感神經亢奮並釋放出來，β腦內啡是其中一個代表物質。若是以麻藥物質來比擬的話，應該可以說是類似鴉片等麻藥的構造，會大量分泌鎮痛作用及帶來幸福的感覺。

美味度這種快感除了β腦內啡之外，還會釋出同樣爲麻藥物質的阿南酰胺。這兩種物質經過協調作用後，會讓美味的感受更進一步，並且促進食慾。透過神經傳導物質的釋出，能夠使美味的感受持續並產生滿足感，促使人們繼續進食。

為什麼還會想吃更多

雖然肚子不餓，但看到好吃的東西還是忍不住吃了，明明在減重期間還是挨不住嘴饞，然後懊惱不已，應該是許多人的經驗吧！美味度的情報被傳送到腦內報酬迴路，會產生出想吃更多的慾望。而主導這個的是稱爲多巴胺的神經傳導物質。

包括人類在內的動物會以「舒服」或「快感」的本能，感受作爲重要的行動動機。而這種快感的構成被稱爲是腦內報酬迴路。當慾望被滿足或感覺得到滿足的時候，會活化並給予腦部快感訊息的通路。從中腦的腹側被蓋區爲出發點，將叫做A10

神經系統（中腦皮質多巴胺神經系統）的腦部快樂誘導神經系統投射至依核或前額葉皮質，這個通路稱爲「腦內報酬迴路」。

腦內報酬迴路是決定飲食行動的重要系統，也與味覺的學習記憶有關。在腦中記下吃到好吃食物的經驗。當食物放入口讓我們感知到美味時，就會判斷出這個可以吃的訊息，接著引起吞嚥食物的反射動作。

另外，腦部會因爲看到自己喜歡的食物就開始釋放出多巴胺，形成食慾。只要吃一口就會使腦內報酬迴路活化。即使已經很飽了，但看到喜歡的食物還是會忍不住嚐一口的原因，就是來自於這個報酬迴路。

飲食活動是由「想吃」開始到「吃」「好吃」「吃更多」的路線不斷重複。倘若進食是一件痛苦的事，就無法讓人持續，如此一來，也就無法維持生命。因此才會給予人們美味的快感。透過前述的恆常性，體內平衡機制與腦內報酬迴路之間的複雜交互影響，掌控了我們的飲食行動。

OISII 以分子層面來了解味覺細胞的結構

味覺是構成美味度的要因。爲什麼能感受到甜、酸的滋味呢？這幾年透過分子層面的研究，逐漸地明朗化。

食物是由甜味、鹹味、酸味、苦味、鮮味這五種基本味覺構成。前面提到每一種味覺從營養學的層面來看，其實都是一種訊號。

食物在口中被咀嚼後，其組織受到破壞會混入唾液並釋放出分子或離子。舌頭上的味蕾感應到這些食物當中所含的化學物質（味覺物質）後，就會感知到味道。味蕾是舌頭表面分布的許多中空呈花蕾狀的突起物。味蕾除了舌頭之外，也分布在軟口蓋（上顎喉嚨深處）及臉頰內側（圖7—2）。當它們感應到食物或飲料所含的化學物質（味覺物質）時，會將它們轉換成電子訊號傳達到腦部，感知到甜味或酸味、鹹味等滋味。

不久之前，大家都相信甜味的感知是在舌頭的前端，苦味感知則在舌頭的後端等，在舌頭不同的區域都有能感知味道的「味覺地圖」。這是由1901年發表的論文所提出來的學說。但現在的研究則是發現到每一個味蕾都擁有感知所有基本味覺的能力。

其發現的機緣是在檢測出味覺物質的受容體被證實的時候。受容體是指存在於細

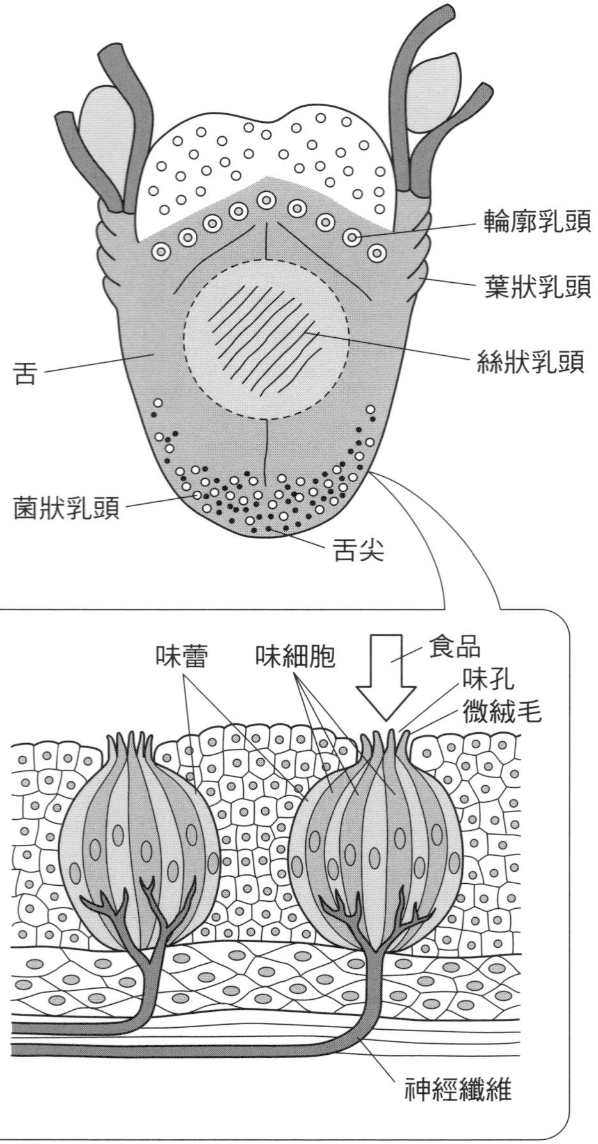

圖 7-2　**傳遞味覺資訊的突起與味蕾**

胞膜或細胞內，當荷爾蒙或化學物質等結合後細胞內因反應所產生的蛋白質。自此，味覺組織架構的解析就有了急速的進展。

首先看看味蕾的構造，味蕾是由50～100個味覺細胞集結而成。紡錘型的味覺細胞有一端會伸出舌頭表面來接收味物質，另一端則與神經相連將味覺資訊傳遞到腦部。從解剖學來看，味覺細胞的特徵分為Ⅰ～Ⅲ及Ⅳ型（基礎細胞）。與味覺受容相關的是Ⅰ～Ⅲ型，五種基本味覺由各自的味覺細胞所接收。

Ⅰ型將Ⅱ～Ⅳ型的細胞束包圍住，並且有區分的作用，被認為與鹹味的受容相關。Ⅳ型為細長的細胞接收甜味、苦味及鮮味。Ⅲ型我們認為它與酸味的受容相關，由味覺神經與突觸形成。Ⅳ型是味蕾下方的少數細胞，可能是被Ⅰ～Ⅲ型的細胞分化的前體細胞。味覺細胞的壽命大約兩週，基礎細胞一邊分化成味覺細胞，同時也陸續更新細胞。由於味覺是感知食物味道的重要感受，所以經常更新細胞是必要的。

味覺細胞的表面有受容體，不同的受容體會接收不同的味覺物質，並區別味道的差異。人們對應甜味或鮮味的受容體各只有一個，但對應苦味的受容體卻發現多達25種。因此對應鹹味或酸味的受容體應該也是複數。

接下來，更進一步來了解味覺受容體的架構。甜味或鮮味的受容體分子被歸類在

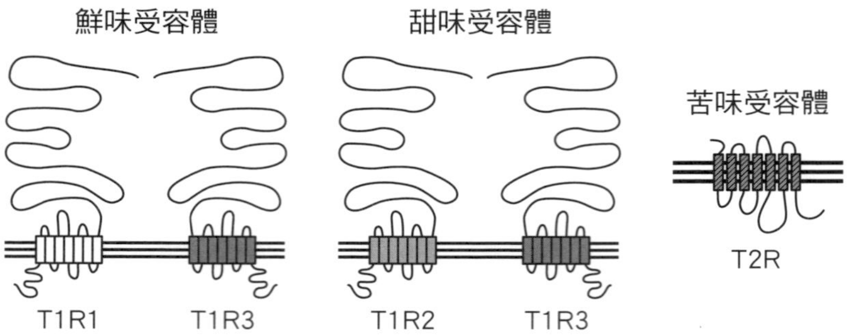

圖 7-3　在味覺細胞內的基本味覺受容體

稱爲T1R Family的分子組織。而與甜味物質受容體相關的分子有T1R2與T1R3，這兩種分子組合後會成爲甜味受容體（圖7－3）。鮮味是由T1R2與T1R3兩個分子組合成鮮味受容體，來接收及感應鮮味。苦味則由稱爲T2R Family的分子組織接收，能在哺乳類動物身上找到約30種，每一種都與胺基酸有所連結。

當物質與這些Ⅱ型細胞結合時，受容體會發生活化現象。活化時會干擾到一些分子並使鈣離子被釋出。接著細胞內的鈣離子濃度即會上升。而這就是產生動作電位的起因，並且由Ⅱ型細胞開始產生ATP。ATP會成爲神經傳導物質，使味覺情報被傳送到味覺神經。

多數的報導指出，Ⅲ型細胞當中的酸味受容體含有大量的候補分子，而且會在這當中篩選出有力的候補分子。從Ⅲ型細胞當中釋出的血清素會成爲神經傳導物質，並且透過形成味覺神經與突觸將味道資訊傳送到腦部。據說鹹味的受容體是稱爲ENaC鈉離子通道。離子通道爲細胞膜中的一種蛋白質，可以選擇性地讓鈉離子通過細胞膜，形成能夠接納低濃度的鹹味，而避開高濃度鹹味的架構。因此有人說ENaC與低濃度適口性有所關聯。

為什麼脂肪和糖分如此美味

蛋糕和巧克力這些甜食可說是人間美味。糖分身爲熱量的來源，是維持生命不可或缺的能源，當感受到甘美滋味時，身體會本能地產生需求。另外，像牛排這類含油脂的食物更是令人感到無比可口。油脂本身並沒有味道，但與食物結合後，美味度卻一躍而升。這也是來自於人們對油脂能量攝取的促進感。因此，可以了解到人們會對提供能量的糖分和油脂產生好感，但卻對這個架構不大明瞭。

由於僅憑「醇厚感」「濃稠感」等複雜的食物口味很難解釋基本味覺，因此其他的口味會由味蕾來感知。實際上，在味蕾上找到了接收鈣或脂肪酸的分子。油脂會被口中一種稱爲脂肪酶的酵素分解，游離脂肪酸會由在味蕾上發現到的稱爲CD36或GPR120受容體所接收。最近的研究發現，有一條由味覺細胞至神經接收脂肪味道後傳遞到腦部的通路。也許脂肪的味道會成爲接續五種基本味覺的第六種味覺。

另外，還在味蕾中發現到能夠調節食慾的荷爾蒙的受容體，這似乎反應出荷爾蒙會影響味覺反應。稱爲瘦蛋白能抑制食慾的荷爾蒙，會降低我們對甜味的感受度。瘦蛋白由脂肪組織形成，與食慾的控制或熱量代謝的調節相關。另外，促進食慾的大麻素似乎對甜味有較高的感受度。大麻素是腦部形成的一種類麻藥物質。

甘甜味的感受機制

東京大學研究所農學生命科學研究系的準教授三阪巧等人，利用已分析的味覺構造，開發出使用味覺受容器的「甜味偵測器」。在人體培養細胞中，發現了感知甘甜味的甜味受容體，以及能夠傳遞甘甜味訊號的蛋白質物質，因此可以檢測出這些細胞是否能識別出甜味物質。甜味物質與受容體結合後，訊號傳遞至細胞當中，使得鈣離子的濃度升高。在鈣離子中添加紅光試劑後，與味覺物質結合的細胞會呈現紅光，可以經由這種光所測定到的光線強度將甜味度數據化。

雖然可以透過人體味覺的感官測試來評估食物的甘甜味，但因為人們難免會受到主觀意識的影響，無法給予客觀的評論。另外，糖分也經常被用在水果標籤上，以當作是水果甜度的指標。含糖度是利用含糖量愈高的溶液折射率也會愈高的原理所測定出來。但實際上也能測試出糖以外的成分，所以不表示絕對與人所感受到的甜味一致。

而這個「甜味偵測器」能夠以數值來顯示實際感受到的甜味。在此利用甜味受容體發現的細胞或測試系統，即可解析出生物對味覺感知的機制。

「神秘果」是原產於西非的山欖科水果。果實本身幾乎沒有味道，但吃下去後卻會讓人感覺到猶如吃過酸味食物般不可思議的酸甜味。三阪教授等人解析了這個味覺變化。

果實當中含有一種稱為神秘果蛋白的蛋白質，會與甜味受容體強力結合。口腔內部在處於中性環境時不會有任何的變化，一旦吃了酸性食物後口腔會呈現酸性狀態，與神秘果蛋白結合的甜味受容體，即使沒有甜味物質仍會被活化。因此吃了酸味的檸檬後，也會產生甜味的感覺。

像這種透過味覺器作用，使味覺機能一時產生變化的物質稱爲「味覺修飾物質」。其中一種「仙茅甜蛋白」是原產於西馬來西亞的熱帶植物大葉仙茅的果實當中所含有的蛋白質。吃進「仙茅甜蛋白」後，會感受到甜味，但同時食用酸味食物時，則會讓人感覺甜味更上一層。使「仙茅甜蛋白」的甜味變化如此強烈的原因在於，轉變爲酸性時，蛋白質的構造會產生變化，使得甜味受容體被活化的關係。

除了這些甜味誘導體之外，也有會使甜味感覺消失的甜味阻礙物質。印度產的植物匙羹藤的葉片當中含有一種匙羹藤酸及日本的棗樹葉中含有的三萜糖苷，圃梨葉中的不甜素（勿甜素）等三萜誘導體會與甜味受容體結合，並且阻礙甜味受容體與甜味物質的結合。因此即使吃了甜味食物，甜味物質也無法與甜味受容體結合，並且無法感受到甜味。

另外，磷脂與蛋白質結合產生的脂蛋白被稱作苦味抑制劑。

除了砂糖等糖類之外，令人感受到甜味物質的還有甘胺酸或D-色氨酸或糖精、阿斯巴甜等人工甜味料等許多不同的種類。甜味有許多種類，儘管每一種結構不同，但是甜味受容體卻只有一種。三阪教授等人在甜味受容體的構造當中，發現了十餘種關於辨識甜味物質的胺基酸。並且發現甜味受容體在這些胺基酸當中有4～6種巧妙的組合，能夠辨識出許多構造相異不同種類的甜味物質。

如同先前所述，麩胺酸和肌苷酸組合之後，鮮味會變得更爲強烈，這種味覺相乘作用的機制也能夠使用受容體來解釋。

此外，也發現到複數的甜味劑組合在一起會使甜味增強、減弱，並且從受容體的研究中了解到使甜味變化的甜味劑組合。能使甜味增強的物質，即使甜味相同也能夠減少砂糖或甜味劑的使用量。例如加入少許的新橙皮苷二氫查耳酮（ＮＨＤＣ）或甜精等甜味劑，就有砂糖甜味成分蔗糖的強烈甜味。透過甜味劑的組合可以控制甜味劑的卡路里，減少人工甜味劑所帶來讓人不舒服的後味等，且能夠應用於食品產業。

透過這樣將味覺機制解析，也了解到動物依種類的不同，對味覺的感受方式也不一樣。比如說貓咪不喜歡甜的味道。這是因爲構成貓咪甜味受容體的Ｔ１Ｒ２基因有缺陷，使貓咪失去對甜味的感知。而這種情況並不只限於貓咪，許多肉食類動物都有這個狀況。另外，也發現到貓熊的鮮味受容體，以及海豚是不只有甜味受容體，連鮮味受容體都有缺失的情形。

在三阪教授與哈佛大學的共同研究當中，解析了蜂鳥對甜味的感知機制。鳥類與貓一樣在甜味受容體的基因上都有缺失，一般來說，是感受不到甜味的。但是喜歡甜甜花蜜的蜂鳥，則是因爲鮮味受容器進化後，獲得對甜味的感知能力。味覺是左右生物飲食行動的重要感受。伴隨著進化，改變了飲食生活，不需要的感知力會退化，若是必要的話，會再進化成新的感知能力。

味覺會衰退嗎？

到目前爲止，對於味覺的機制已經有了大致上的了解。但是味覺是什麼時候開始發達的呢？會因爲年齡的增加而衰退嗎？味覺機能必須站在味蕾或稱爲受容體的感應器、處理後的味覺資訊並且進行適當行動的腦部機能這兩個角度來看。一般認爲當人們在出生後就幾乎具備了所有的基本味覺機能。只不過對於食鹽的反應與其他的味覺反應相比起來，稍微慢一些才開始，因此似乎在出生數月後，味覺細胞的味覺物質受容機能才會完全成熟。

因爲味覺是判斷所吃進的食物好壞與否的重要感覺，所以在出生時，就已具備了本能的味覺能力。但是辨識食物的味道及喜好的判斷，則是待大腦皮質成熟後以及受飲食經驗的影響。也就是說，累積飲食經驗能夠鍛鍊味覺。優秀的廚師之所以能擁有敏銳的味覺，肯定是接受專業烹飪的研修等累積了許多的經驗。

經常有人說味覺比起聽力或嗅覺等機能更不容易衰退。即使年事已高，但過著健康養生生活的高齡人士擁有不輸給年輕人的味覺機能。這是因爲味覺細胞的壽命短，經常在一定的周期進行更新的關係。

話雖如此，但也有一些人抱怨因爲年紀大了，覺得食物不再可口或是味覺鈍化了。如同感冒鼻塞時食不知味的道理一樣，嗅覺是感知美味的重要因素之一。因此，若因爲老化使嗅覺低下，連帶也會感受不到食物的美味了。

另外，鋅的不足也是嗅覺障礙中的一項原因。除此之外，降血壓藥物、精神疾病、解熱鎮痛或抗過敏的藥物、治療消化性潰瘍的藥物等許多藥物都會造成嗅覺的障礙。由於許多高齡者有服用藥物的習慣，也有可能是藥物的副作用影響了嗅覺的功能。

健康的人必定都有食慾並能享受食物的美味。爲了能持續享受各種美食的滋味，保持健康應該是最重要的因素哦！

依情況改變的可口程度

可口度會促進飲食行動。美味會引起食慾，食慾又會進一步支持飲食行動。

你是否有過聞到店裡飄出來的食物香氣，忍不住走進店裡的經驗呢？

氣味是由鼻子接收，味道則由舌頭感知，但兩者有分辨化學物質的種類及存在的共通點。若以嗅覺能識別空氣中的揮發物質，味覺則是辨識水溶性的化學物質這樣的方式來思考，就會易懂許多。

氣味來源的揮發性化學物質與空氣一起進入鼻腔深處的嗅上皮，藉由接收的方式感知到氣味。嗅上皮當中的細胞，與在嗅細胞當中的受容體氣味分子結合後，氣味的資訊會由嗅上皮開始、經嗅球傳送到嗅皮質。但是腦部是如何感知氣味的部分，至今仍然不是非常清楚。

感知食物氣味的路徑，有經由鼻子到口腔或口腔到鼻腔的路徑。經由鼻腔開始的路徑，是先感受到眼前食物的氣味，接著引起好像很好吃，想要吃看看的慾望。而經由口腔開始的路徑則是感知到口中食物的氣味，感受到美味並且引起想吃更多的

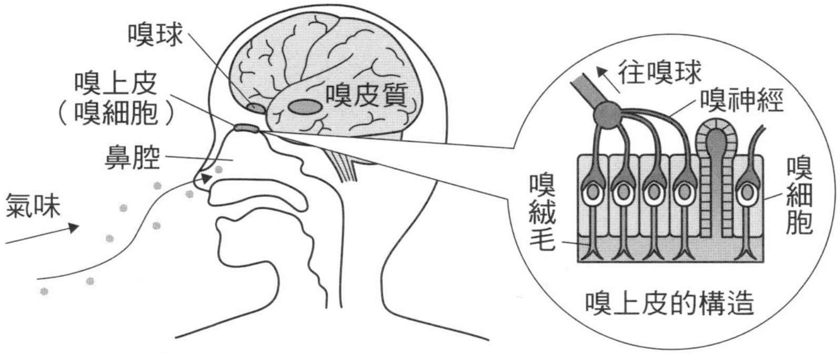

氣味分子→嗅上皮（嗅細胞）→嗅神經→嗅球→嗅皮質

圖 7-4　感知氣味的路徑

嗅皮質接收由嗅球傳遞過來的氣味資訊的同時，與杏仁核等其他的腦部區域連結，照會過去的記憶並對氣味進行評價。

行動。另外，要能辨識出食物的細節滋味，除了與嗅覺有關之外，品嚐食物的味道也是不可或缺的。而嗅皮質不只接受從嗅球傳送過來的資訊，還會與掌管記憶的海馬回及管理情動的杏仁核有連動關係。這樣的動作也反映出可口的程度（圖7—4）。

促進食慾的大麻素似乎能提高嗅覺的感受性。當聞到食物的氣味，食慾就會增加的原因在於，來自嗅球當中存在的大麻素受容體運作所產生的情報。大麻素受容體活化後，會使得對氣味的感受度更加強烈，進而讓胃口大開。嗅覺是感知美味度的重要因素，同時也是促使進行飲食活動的重要感覺。

每個人對美味的感受度都不同。有人覺得好吃的東西，但對其他人而言，並不見得有同樣感受。而爲什麼每個人對美味的感受程度不同呢？

美味，是爲了促使我們進行飲食行動的感覺。如先前所述，我們打從出生以來就具備了對吃了能幫助身體的食物、身體需要的食物產生好吃的感受，並且對從小就開始經常食用，且在無意之間累積飲食經驗的食物產生好吃的感覺。這是受到當地文化及雙親家族飲食習慣的影響。所謂的「媽媽的味道」指的其實就是從孩提時代開始經常性食用的滋味。雖然對這個架構不是非常的清楚，但經由老鼠進行的實驗中指出了，在特定時期的飲食經驗，有可能改變大腦皮質當中飲食關聯區的神經迴路。

另外，還有苦澀的咖啡在長大成人後卻感覺好喝，原本討厭的食物變得喜歡的情況。這是來自於有記憶以來，重複累積的飲食經驗，以及情報及學習、生理機能的變化等所獲得的美味感受。

其實人們面對第一次吃的食物是帶有警戒心的。內心懷抱著新奇的食物說不定有毒這種危機意識，淺嚐即止，這樣的行爲稱爲「食物新奇性恐懼」。嬰幼兒或孩童由於飲食經驗少，剛開始都只吃一點點，漸漸記憶起食物味道並習慣食物後，才對這項食物有安全的識別感並開始感到可口。長大後會喜歡各式各樣食物的原因是來自於飲食經驗的累積，新奇性恐懼感消除的關係。

另一方面，若吃了什麼食物後會造成上吐下瀉等不愉快的經驗後，就會變得討厭該食物並拒絕食用，這稱爲「味覺嫌惡學習」。內臟的不適感與腦部的資訊合併後，連先天性喜好的甜味都會變得不喜歡。像這種後天性的味覺嫌惡學習與腦部的杏仁核機能有關。杏仁核由味覺開始，蒐集嗅覺或視覺等所謂來自五感的資訊，進而判斷「愉悅」「不快」「喜歡」「討厭」等價值。也會收集內臟的感覺資訊，在杏仁體當中處理各種情報，將這個味道標記成討厭的記憶。

我們認爲，根據好惡來選擇食物是爲了生存的一種戰略。因爲討厭使內臟產生的不愉快感的疑似有毒食物，所以不去食用它，籍此能夠保護自己的身體安全。

為什麼會吃過頭呢？造成無法抑制食慾的機制

在歐洲或美國等地，肥胖人士（BMI30以上）不斷地增加，而且未來這個數字恐怕還會再往上攀升。日本也在2016年厚生勞動省「國民健康 營養調查」中得到肥胖者男性爲30%，女性爲20%的數據。

肥胖不只是導致糖尿病或高血壓等代謝症候群的原因，也和脂肪肝或癌症等疾病相關。只要減少百分之幾的體重，就能夠有效改善代謝症候群的問題，世界衛生組織（ＷＨＯ）將減少肥胖者列為優先改善處理的課題之一。

造成肥胖的因素為飲食過度及運動不足。為什麼人會飲食過度呢？１９５０年從嘗試破壞貓的腦部下視丘使其無法抑制攝食機制持續進食的研究中，顯示出中樞神經擔任了能量平衡的重要角色。１９９０年從不斷重複著過度飲食及肥胖的老鼠研究報告中發現一種叫做瘦蛋白的荷爾蒙。瘦蛋白由脂肪細胞分泌出來，並且在下視丘發揮作用，闡明了它會產生食慾作用。同時更進一步在脂肪細胞中，發現各種分泌因子，脂肪細胞以控制醣分或脂肪、熱量代謝的內分泌器官而受到矚目。

人類或動物的脂肪原本就會因為過度的飲食而增加。而脂肪增加時，瘦蛋白的分泌量也會隨著增加，並且藉由位於下視丘的攝食中樞所產生的作用抑制食慾。但是肥胖的老鼠（遺傳性肥胖的實驗動物）因為無法正常製作瘦蛋白，所以沒有辦法控制食慾而造成肥胖，以及發現到糖尿病的老鼠或肥胖的老鼠的腦部當中無法順利製作出應有的瘦蛋白受容體，因此也無法控制食慾而導致肥胖。觀察肥胖的人，可以發現到他們無法抑制進食的慾望，產生瘦蛋白無法有效運作的現象。目前為止還無法闡明這種瘦蛋白抵抗性的起因，也尚未找到治療的方式。但是最近的研究中發現了一種叫做PTPRJ的酵素可能是其要因。

PTPRJ是一種在下視丘發揮作用的蛋白質。PTPRJ在受容體作用，並抑制瘦蛋白的運作。一旦變胖，就會在攝食中樞中發現愈多的PTPRJ。從這個結果發現到PTPRJ愈多的話，就會有愈多的瘦蛋白無法順利發揮效用，因此被認爲是成爲抵抗瘦蛋白的要因。總之，研究人員在肥胖的人身上發現較多的PTPRJ，並且壓抑著瘦蛋白的運作，因此陷入止不住食慾的惡性循環。期待能夠找到抑制PTPRJ運作的物質，成爲治療肥胖的藥劑。

結語

無論世界上充滿了多少食物，我們對於追求美味的慾望是永無止盡的。

倘若有簡單的美味定義或是製作出可口滋味的公式的話，也許就不會衍生出這麼多種食物了吧！另外，我們對食物的想法也會隨著時代改變。過去我們重視食物的營養機能。但到了經濟富庶之後，則開始重視食物的滋味。現在的食物營養豐富、美味可口是理所當然的，而能帶給人們健康的機能食品則格外受到矚目。使得食品的機能性受到重視的原因是拜科學技術進步所賜，能夠分析出許多過去所不知道的新成分的關係。

接下來，人們還會從食物中發現什麼呢？哪一項機能會受到矚目呢？另外，產生出可口美味的並不僅止於食物本身，還有從包裝材質到冷藏或運輸技術、農業技術等各項技術的重疊堆積而成的部分。未來還會持續不斷地進步，並且產生全新的風味吧！

因爲寫了這本書的關係，對於「美味」這個名詞我有了更深一層的敏銳度，還引發自己對美味奧妙之處的興趣，這也會是我接下來想要更加深入挖掘的主題。

由於工作的關係，平時就經常會收集關於食物的情報並且聽取與食物相關的話題。

大概是物以類聚的關係，身邊幾乎都是這樣的人。尤其是大學同學有類似想法的人非常多，對於食物的話題總是沒完沒了。一碰面就是熱烈地討論與食物有關的話題，一同出遊時也總是跑到超市或食物賣場去逛。從這些友人口中所聽到的消息或採訪得到的資料，都成爲這次執筆的資訊。

最後，我要對於成爲本書執筆動機的日本化學協會化學博覽會的諸位關係者，各位講演者及接受採訪的各位人士，講談社的每一位致上我最誠摯的感謝之意。

2018年3月 吉日

佐滕 成美

參考書籍

《實驗科學》2017年4月號（羊土社）

《美味的科學》系列《美味的科學》企劃委員會（編）（N.T.S Vol.1〈食物的質地〉2011年、Vol.2〈熟成〉2011年、Vol.4〈日本人與湯頭〉2012年）

《健康與烹調的科學 第3版》和田淑子、大越廣（編著）（建帛社 2016年）

《烹飪科學》涉川祥子、杉山久仁子（同文書院 2005年）

《新烹飪學》下村道子、和田淑子（編著）（光生館 2015年）

《製造出美味的〈熱能〉科學》佐藤秀美（柴田書店 2007年）

《食品、料理、味覺的科學》都甲潔、飯山悟（講談社 2011年）

《用科學來理解和菓子的〈為什麼？〉》辻製菓專門學校（監修）中山弘典、木村萬紀子（著）（柴田書店 2009年）

《食品與熟成》石谷孝佑（編著）（光琳 2009年）

《標準食品學總論 第2版》青柳康夫、筒井知己（醫齒藥出版 1998年）

《標準食品學各論》澤野勉（編）（醫齒藥出版 1999年）

《食品加工學 第2版》露木英男、島田真（編著）（共立出版 2007年）

《新食品加工概論》國崎直道、川澄俊之（編著）（同文書院 2001年）

《Gooking for Geeks料理的科學與實踐》Jeff Potter（著）水原文（譯）（O'Reilly Japan）

《料理大小事典》日本烹調學會（編）（講談社 2008年）

《豆類總圖鑑》石谷孝佑（監修）（POPLAR社 2013年）

ㄗ～ㄙ

ㄧ～ㄩ

ㄚ

ㄢ

ㄓ～ㄖ

ㄍ～ㄏ

ㄐ～ㄒ

索引

國家圖書館出版品預行編目（CIP）資料

美味的科學：爲什麼咖啡和鮭魚是絕配？探究隱藏在食材、烹調背後的美味原理！ / 佐藤成美作；意淩譯. — 初版. — 臺中市：晨星, 2020.08

面；公分. —（知的！；169）

ISBN 978-986-5529-23-9（平裝）

1. 食品科學 2. 食品分析

463　　109007669

知的！169

美味的科學

為什麼咖啡和鮭魚是絕配？探究隱藏在食材、烹調背後的美味原理！

作者　佐藤成美
譯者　意淩
編輯　李怜儀
校對　李怜儀、吳雨書
封面插畫　尤淑瑜
封面設計　尤淑瑜
內文插圖　さくら工芸社
美術設計　曾麗香

創辦人　陳銘民
發行所　晨星出版有限公司
407台中市西屯區工業30路1號1樓
TEL：04-23595820　FAX：04-23550581
行政院新聞局局版台業字第2500號
法律顧問　陳思成律師
初版日期　西元2020年08月01日
再版　西元2021年05月20日（二刷）

總經銷　知己圖書股份有限公司
106台北市大安區辛亥路一段30號9樓
TEL：02-23672044 / 23672047　FAX：02-23635741
407台中市西屯區工業30路1號1樓
TEL：04-23595819　FAX：04-23595493
E-mail：service@morningstar.com.tw
網路書店 http://www.morningstar.com.tw
訂購專線　02-23672044
郵政劃撥　15060393（知己圖書股份有限公司）
印刷　上好印刷股份有限公司

定價420元

ISBN 978-986-5529-23-9